中等职业教育土木类专业规划教材

土木工程试验实训指导

TUMU GONGCHENG SHIYAN SHIXUN ZHIDAO

主　编　王丽梅　程达峰
主　审　刘　东

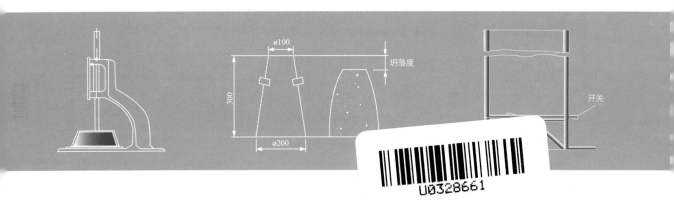

人民交通出版社
China Communications Press

内 容 提 要

本书依据国家最新颁布的技术标准和规范,以教学和工地上常用的试验方法和质量评定为重点,内容涵盖土木工程材料试验和土工试验两大部分,可配合《土木工程材料》《土力学与地基基础》教学使用。

全书共分10个单位,具体内容包括:建筑材料检测基础知识、水泥检测、细集料检测、粗集料检测、混凝土配合比设计及施工控制、建筑砂浆配合比设计及施工控制、建筑钢材检测、石油沥青试验、土工试验、无机结合料及无机结合料稳定材料试验。

本书被列为"中等职业教育土木类专业规划教材",适合作为职业教育、技工、技师土木类专业师生的教学用书,也可作为相关专业工程技术人员的参考资料。

图书在版编目(CIP)数据

土木工程试验实训指导/王丽梅,程达峰主编.——北京:人民交通出版社,2011.8
中等职业教育土木类专业规划教材
ISBN 978-7-114-09278-7

I.①土… II.①王…②程… III.①土木工程—工程试验—中等专业学校—教学参考资料 IV.①TU-33

中国版本图书馆 CIP 数据核字(2011)第 141811 号

中等职业教育土木类专业规划教材

书　　名:	土木工程试验实训指导
著 作 者:	王丽梅　程达峰
责任编辑:	刘彩云
责任校对:	孙国靖
责任印制:	刘高彤
出版发行:	人民交通出版社股份有限公司
地　　址:	(100011)北京市朝阳区安定门外外馆斜街 3 号
网　　址:	http://www.ccpress.com.cn
销售电话:	(010) 59757973
总 经 销:	人民交通出版社股份有限公司发行部
经　　销:	各地新华书店
印　　刷:	北京市密东印刷有限公司
开　　本:	787×1092　1/16
印　　张:	9
字　　数:	190 千
版　　次:	2011 年 8 月　第 1 版
印　　次:	2020 年 8 月　第 9 次印刷
书　　号:	ISBN 978-7-114-09278-7
定　　价:	18.00 元

(有印刷、装订质量问题的图书由本公司负责调换)

中等职业教育土木类专业规划教材编审委员会

主 任 委 员 徐 彬

副主任委员（以姓氏笔画为序）

安锦春　陈苏惠　陈志敏　陈　捷　张永远

张　雯　徐寅忠　曹　勇　韩军峰　蒲新录

委　　　员（以姓氏笔画为序）

王丽梅　石长宏　刘　强　朱凤兰　朱军军

米　欣　宋　杨　张建华　张维丽　李志勇

李忠龙　李荣平　杨立新　杨　伟　杨　妮

苏娟婷　连建忠　陈　宇　房艳波　姚建英

姜东明　姜毅平　禹凤军　钟起辉　徐　成

徐瑞龙　强天林　焦仲秋　程达峰　韩高楼

褚红梅

丛 书 编 辑 刘彩云　（lcy@ccpress.com.cn）

中等职业教育土木类专业规划教材
出 版 说 明

近年来,国家大力发展中等职业教育,中职教育获得了前所未有的发展,而且随着社会需求的不断变化,以及中职教育改革的不断深化,中职教育也面临着新的机遇和挑战;同时,随着我国城市化的推进和交通基础设施建设的蓬勃发展,公路、铁路、城市轨道交通等领域的大规模建设,对技能型人才的需求非常强烈,为土木类中职教育的发展提供了难得的契机。

为贯彻落实《国家中长期教育改革和发展规划纲要(2010—2020 年)》以及《中等职业教育改革创新行动计划(2010—2012 年)》等一系列文件的精神和要求,加快培养具有良好职业道德、必要文化知识、熟练职业技能等综合职业能力的高素质劳动者和技能型人才,人民交通出版社在有关学会和专家的指导下,组织全国十余所土木类重点中职院校,通过深入研讨,确立面向"十二五"的新型教材开发指导思想,共同编写出版本套中职土木类专业规划教材,意在为广大土木类中职院校提供一套具有鲜明中职教育特点、体现行业教育特色、适用好用的高品质教材,以不断推进中职教学改革,全面提高中职土木类专业教育教学质量。

本套教材主要特色如下:

(1)面向"十二五",积极适应当前的职业教育教学改革需要,确保创新性和高质量。

(2)充分体现行业特色,重点突出教材与职业标准的深度对接,以及铁道、公路、城市轨道交通知识体系的深入交叉、整合、渗透,以满足教学培养和就业需要。

(3)立体化教材开发,教材配套完善——以"纸质教材 + 多媒体课件"为主体,配套实训用书,建设网络教学资源库,形成完整的教学工具和教学支持服务体系。

(4)纸质教材编写上,突出简明、实务、模块化,着重于图解和工程案例教学,确保教材体现较强的实践性,适合中职层次的学生特点和学习要求;当前高速公路、高速铁路、城市地铁、隧道工程建设发展迅速,技术更新较快,邀请企业人员与高等院校专家全程参与教材编写与审定,提供最新资料,确保所涉及技术和资料的先进性和准确性;结合双证书制进行教材编写,以满足目前职业院校学生培养中的双证书要求。

　　本套教材开发依据教育部新颁中等职业学校专业目录中的土木类铁道施工与养护、道路与桥梁工程施工、工程测量、土建工程检测、工程造价、工程机械运用与维修等专业,最新修订的全国技工院校专业目录中的公路施工与养护、桥梁施工与养护、公路工程测量、建筑工程施工等专业,以及公路、铁路、隧道及地下工程等土建领域的相关专业,面向上述领域的各职业和岗位,知识相互兼容与涵盖。本套教材可供上述各专业使用,其他相关专业以及相应的继续教育、岗位培训中亦可选择使用。

人民交通出版社
中等职业教育土木类专业规划教材编审委员会
2011 年 3 月

前　言

工程试验既是检测土木工程材料性能、评定工程材料的主要手段,也是保证工程质量的重要措施。土木工程试验实训是中等职业学校工程试验专业课程的重要组成部分。本书在编写过程中,理论联系实际,采用国家最新颁布的技术标准和规范,以教学和工地上常用的试验方法和质量评定为重点。本书具有如下特点:

(1)将工程材料试验的质量标准和技术规范引入教材,学生在实训结束后,可将试验结果与国家标准相比较,评定材料工程技术性和工程适应性。为学生提供分析和判定材料性质的依据,激发学习主动性。

(2)工程材料试验是一门严谨的科学技术,所以试验结果处理上都设有计算精确度和数据处理。学生通过实训,能够完成与实际工程紧密结合的试验记录和试验报告,培养学生对工程试验的严谨认真的工作态度。

(3)砂浆配合比设计试验和混凝土配合比设计试验培养学生运用知识解决实际问题的能力,培养学生创新思维。

本书由中铁二十局集团技工学校王丽梅和中铁十八局集团技工学校程达峰共同担任主编,成都铁路工程学校范翔和杨刚、中铁二十局集团技工学校罗力增承担了部分章节的编写工作。具体分工为:单元1、单元5、单元7、单元8由程达峰编写;单元2、单元4、单元6由王丽梅编写,单元3由范翔编写,单元10由杨刚编写,单元9由罗力增编写。

由于编者水平有限,加之土木工程试验的专业性与针对性,书中难免有疏漏之处,敬请广大读者批评指正,以利于本书的修订和完善。

编　者

2011 年 7 月

目 录

单元1 建筑材料检测基础知识 ··· 1
  1.1 建筑材料试验技术标准 ··· 1
    1.1.1 技术标准的等级 ··· 1
    1.1.2 技术标准的代号与编号 ··· 1
    1.1.3 国际标准化组织ISO ··· 1
  1.2 测试技术和测量误差 ··· 2
    1.2.1 测试技术 ··· 2
    1.2.2 测量误差 ··· 4
    1.2.3 可疑值的剔除 ··· 8

单元2 水泥检测 ··· 9
  2.1 水泥基本性能及质量标准 ··· 9
    2.1.1 术语和定义 ··· 9
    2.1.2 水泥材料技术标准 ··· 9
  2.2 水泥试验 ··· 10
    2.2.1 水泥试验的一般规定 ··· 10
    2.2.2 水泥细度试验——80μm筛析法 ··· 11
    2.2.3 水泥细度试验——勃氏比表面积法 ··· 14
    2.2.4 水泥标准稠度用水量试验——标准法 ··· 17
    2.2.5 水泥净浆凝结时间试验 ··· 18
    2.2.6 水泥安定性试验 ··· 19
    2.2.7 水泥胶砂强度试验 ··· 21
    2.2.8 水泥胶砂流动度试验 ··· 24

单元3 细集料检测 ··· 25
  3.1 细集料技术标准及规范 ··· 25
  3.2 细集料试验 ··· 25
    3.2.1 取样方法 ··· 25
    3.2.2 细集料表观密度的测定——容量瓶法 ··· 25
    3.2.3 细集料表观密度的测定——李氏瓶法 ··· 26
    3.2.4 细集料堆积密度及紧装密度试验 ··· 27
    3.2.5 细集料筛分试验 ··· 28
    3.2.6 细集料含水率试验 ··· 29
    3.2.7 砂中泥含量的测定——筛洗法 ··· 30
    3.2.8 砂中泥土块含量的测定 ··· 31

单元4 粗集料检测 ··· 33
4.1 粗集料的基本性能及质量标准 ··· 33
4.1.1 术语和定义 ··· 33
4.1.2 技术标准 ··· 33
4.2 粗集料试验 ··· 35
4.2.1 取样方法 ··· 35
4.2.2 粗集料筛分试验(干筛法) ··· 36
4.2.3 粗集料密度试验(网篮法) ··· 37
4.2.4 粗集料表观密度试验(广口瓶法) ··· 39
4.2.5 粗集料堆积密度试验 ··· 40
4.2.6 粗集料含泥量和泥块含量试验 ··· 41
4.2.7 粗集料针片状颗粒总含量试验(规准仪法) ··· 43
4.2.8 粗集料压碎值试验 ··· 44

单元5 混凝土配合比设计及施工控制 ··· 46
5.1 混凝土的基本性能及质量标准 ··· 46
5.1.1 混凝土的组成材料 ··· 46
5.1.2 混凝土拌和物的性能 ··· 48
5.1.3 混凝土龄期抗压强度及影响因素 ··· 50
5.1.4 混凝土耐久性的概念、种类及影响因素 ··· 51
5.2 混凝土试验 ··· 51
5.2.1 混凝土配合比设计 ··· 51
5.2.2 混凝土拌和物的和易性检验——坍落度法 ··· 53
5.2.3 混凝土拌和物湿表观密度检验 ··· 55
5.2.4 混凝土力学性能试验和试验总结 ··· 56

单元6 建筑砂浆配合比设计及施工控制 ··· 59
6.1 建筑砂浆的技术标准 ··· 59
6.1.1 术语和定义 ··· 59
6.1.2 材料要求 ··· 59
6.1.3 技术条件 ··· 60
6.2 砌筑砂浆配合比计算与确定 ··· 60
6.2.1 水泥混合砂浆配合比计算 ··· 60
6.2.2 水泥砂浆配合比选用 ··· 62
6.2.3 配合比试配、调整与确定 ··· 62
6.3 砂浆试验 ··· 62
6.3.1 砂浆稠度试验 ··· 62
6.3.2 砂浆密度试验 ··· 63
6.3.3 分层度试验 ··· 64
6.3.4 砂浆抗压强度试验 ··· 65

单元7 建筑钢材检测 ··· 67
7.1 钢材的基本性能及质量标准 ··· 67

  7.1.1 钢材的定义和分类 ··· 67
  7.1.2 钢材的力学性能 ··· 67
  7.1.3 钢材中主要化学元素及其对钢材性能的影响 ····································· 70
 7.2 钢材试验检测 ·· 71
  7.2.1 取样方法及试件制备 ·· 71
  7.2.2 钢筋的拉伸性能试验 ·· 71
  7.2.3 钢筋的弯曲(冷弯)性能试验 ·· 73

单元 8 石油沥青试验 ··· 76
 8.1 沥青材料基本性能及质量标准 ·· 76
  8.1.1 沥青材料的定义及分类 ··· 76
  8.1.2 沥青三大指标的概念 ·· 76
 8.2 沥青试验 ·· 77
  8.2.1 取样方法及试样的制备 ··· 77
  8.2.2 沥青针入度试验 ··· 79
  8.2.3 沥青延度试验 ·· 81
  8.2.4 沥青软化点试验 ··· 83

单元 9 土工试验 ··· 86
 9.1 土的组成及物理性质 ·· 86
 9.2 土工试验 ·· 87
  9.2.1 土的含水率试验 ··· 87
  9.2.2 界限含水率试验——液限和塑限联合测定法 ·································· 89
  9.2.3 土的标准击实试验 ·· 91
  9.2.4 土的密度试验 ·· 94
  9.2.5 颗粒分析试验——筛分法 ·· 101
  9.2.6 土的相对密度试验——比重瓶法 ·· 104
  9.2.7 土的承载比(CBR)试验 ·· 105

单元 10 无机结合料及无机结合料稳定材料试验 ································· 110
 10.1 有效氧化钙的测定(T 0811—1994) ·· 110
 10.2 氧化镁的测定(T 0812—1994) ·· 112
 10.3 粉煤灰二氧化硅、氧化铁和氧化铝含量测定(T 0816—2009) ·················· 114
 10.4 粉煤灰烧失量测定(T 0817—2009) ·· 120
 10.5 粉煤灰细度试验(T 0818—2009) ··· 121
 10.6 无机结合料稳定土无侧限抗压强度试验(T 0805—1994) ······················· 122
 10.7 水泥和石灰稳定土中水泥或石灰剂量的测定方法(EDTA 滴定法)
    (T 0809—2009) ·· 126

参考文献 ·· 129

单元 1 　 建筑材料检测基础知识

1.1 建筑材料试验技术标准

技术标准或规范主要是对产品与工程建设的质量、规格及其检验方法等所作的技术规定，是从事生产、建设、科学研究工作与商品流通的一种共同的技术依据。

1.1.1 技术标准的等级

技术标准根据发布单位与适用范围，分为国家标准、行业标准、企业标准、地方标准。

1）国家标准

国家标准系指对全国经济、技术发展有重大意义的标准。这一级标准由国家标准主管部门委托有关部门起草，视其性质与涉及的范围，报请国家标准总局会同各部委审批、发布。一般由国家标准总局发布。

2）部标准

部标准系指全国性的各专业范围的技术标准。它由有关部、局标准机构(研究院、所、工厂)提出或联合提出，报请中央主管部门审批、发布，并报国家标准总局备案。

3）企业标准

凡未颁发国家标准或部标准的产品与工程等，由企业制定的技术标准，或生产厂为了保证产品质量能符合已颁布的有关标准，制定要求较已颁标准更高的标准，均属企业标准，这类标准由工厂、公司、研究单位起草提出，报请本省、本市有关主管机构审批执行。

各级技术标准，在必要时可以分为试行标准和正式标准两类。

建材技术标准按其特性分为基础标准、方法标准、原材料标准、安全与环境保护标准、包装标准、产品标准等。

1.1.2 技术标准的代号与编号

每个技术标准都有代号与编号，代号用汉语拼音字母表示，编号采用阿拉伯数字由顺序号和年代号组成，中间加一横线(一字线)分开。

国家标准的代号为 GB(系国标两字汉语拼音的第一个字母)。例如《硅酸盐水泥、普遍硅酸盐水泥》(GB 175—1999)，表示第 175 号国家标准，为 1999 年批准的。部(局)标准的代号是以国务院所属部(局)的名称统一用汉语拼音字母表示，如 TB、JT 分别为铁道部与交通运输部标准的代号。

1.1.3 国际标准化组织 ISO

国际性的标准化机构甚多，其中 ISO 是国际上范围最广与作用最大的标准组织之一，它的宗旨是在世界范围内促进标准化工作的开展，以便于国际性物资交流与互助，并扩大在知识、科学、技术与经济方面的合作。其主要任务是制定国际标准，协调世界范围内的标准化工作，报导国际标准化的交流情况以及与其他国际性组织合作研究有关标准化问题等。我国是国际标准化协会成员国，当前我国各项技术标准都正向国际标准靠拢，以便于科学技术的交流。

从本质上讲，标准是根据当时的技术水平制定的，是暂时而又相对稳定的，因此随着技术的发展必须不断地修订。从标准的制定到修订、再修订的周期，世界各国（包括我国）都确定为 5 年左右。

1.2 测试技术和测量误差

1.2.1 测试技术

1) 测试准备

(1) 取样

在进行试验之前首先要选取试样，试样必须具有代表性。取样原则为随机抽样，即在若干堆（捆、包）材料中，对任意堆材料随机抽取试样。取样方法视材料而定。对砂、石等散粒材料，应自堆场的不同部位、不同高度处铲取若干，其总量应大大超过试验所需用量，然后混匀后用四分法缩分。四分法缩分是将试样摊成一定厚度（砂厚约2cm，石子厚约4cm）的圆饼，沿互相垂直的两条直线把圆饼分成大致相等的四份，取其对角的两份重新拌匀，重复上述过程，直至缩分后的材料数量略多于试验需用量为止。砂子还可用斜槽分样器缩分。其他材料均有规定的取样方法。如果没有标准，也应使所取试样具有代表性。

(2) 仪器选择

试验中有时需要称取试件或试样的质量，称量时要求具有一定的精确度，如试样称量精度要求为 0.1g，则应选用感量为 0.1g 的天平，一般称量精度大致为试样质量的 0.1%。例如砂级配试验中，试样称量为 500g，则其称量精度为 $500 \times 0.1\% = 0.5g$，故选用称量为 1000g、感量为 0.5g 的天平就能满足要求了，但有时还需要考虑最后运算结果的精度来选用称量设备的精度。另外，测量试件的尺寸，同样有精度需求，一般对边长大于 50mm 的试件，精度可取 1mm；对边长小于 50mm 的试件，精度可取 0.1mm。对试验机吨位的选择，根据试件加载吨位的大小，应使指针停在试验机度盘的第二、三象限内为好。

(3) 试验

将取得的试样经处理加工或成型，以满足试验所要求的试样或试件。制备方法随试验项目而异，应严格按照各个试验所规定的方法进行。测试时，如系标准试验，必须按照标准所规定的步骤与方法实施。如属于新产品或研究性试验，也需要拟订一定的试验方案与方法，并且应相对稳定，否则测试结果无法比较与评定。

(4) 结果计算与评定

对各次试验结果，进行数据处理，一般取几次平行试验结果的算术平均值作为试验结果。

试验结果应满足精确度与有效数字的要求。

有效数字为观测值中所有准确数与最末一位欠准数字组成。有效数字位数越多,表示观测值的准确度越高,但观测值的有效数字位数受其最大绝对误差所制约。例如,水泥、砂、石材料的密度准确至 $0.01g/cm^3$,其有效数字为三位(如 3.08 或 2.65 等),前面两位是准确的,最末一位是欠准的。在建材试验中,一般取三位有效数字,最多取四位就足够了。

试验结果经计算处理后,应给予评定,是否满足标准要求和评定等级,在某种情况下还应对试验结果进行分析,得出结论。

2)试验条件

同一材料在不同的试验条件下,会得出不同的试验结果,如试验时的温度、湿度、加荷速率及试件制作情况等都会影响试验数据。

(1)温度

试验时的温度对某些试验结果影响很大。在常温(15~25℃)下进行试验,对一般材料来说影响不大,但对感温性强的材料,必须严格控制温度。例如,石油沥青的针入度、延度试验,一定要控制在 25℃ 的恒温水浴中进行。又如,根据粉状材料密度,测定其体积时,比重瓶与液体温度应控制在 20℃,否则影响所测体积值的准确性。通常材料的强度也会随试验时温度的升高而降低。例如,混凝土强度与试验时的温度关系绘于图 1-1。

(2)湿度

试验时试件的湿度也明显地影响着试验数据,试件的湿度越大,测得的强度越低。因为水分会使材料软化或起尖劈作用产生裂缝而使强度降低,所以干燥试件的强度要比潮湿的高,而脆性材料的弯曲强度可能出现相反的现象,这是由于不均匀的干燥收缩引起的拉应

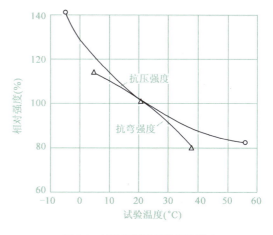

图 1-1 试验时温度对强度的影响

力,会导致干燥试件强度低于潮湿试件强度,若试件较小,干燥缓慢时,同样可得上述结论。所以,在试验时试件的湿度应控制在规定的范围内。当然,在物理性能测试中,材料的干湿程度对试验结果的影响应就更为突出了。

(3)试件尺寸与受荷面平整度

当试件受压时,沿加荷方向发生纵向变形的同时,按泊松比效应产生横向变形,但由于试件与试验机承压板变形不同,在支承面周界产生摩擦阻力,对试件横向扩张起约束作用,产生所谓环箍效应,提高了试件的测试强度值。周界与承压面积之比值越大,摩擦阻力越大,强度越高,故对于同一材料小试件强度比大试件强度高;同时这种摩擦阻力的影响范围随着与接触面间的距离变化而变化,距离越远,影响越小,故相同受压面积的试件,高度大的比高度小的测

试强度低,如试件表面涂上石蜡,这种影响就消除了。所以不同材料的试件尺寸大小都有规定。由于小试件内部存在孔缝、缺陷的概率小,故通常大尺寸试件测得的强度总比小尺寸试件测得的强度低。

试件受荷面的平整度也大大影响着测试强度。如受荷面粗糙不平整,会引起应力集中而使强度大为降低。在混凝土强度测试中,不平整达到 0.25mm 时,强度可能降低 1/3。上凸下凹引起应力集中更甚,强度下降更大。所以受压面必须平整,如为成型面受压,必须用适当强度的材料找平。

(4) 加荷速度

施加于试件的荷载速度,在可能达到的范围内,对强度试验结果有较大影响。加荷速度越慢,测得的强度越低,这是由于应变有足够的时间发展,应力还不大时变形已达到极限应变,试件即破坏。对混凝土试件,如以 40MPa/min 的加荷速率测得的抗压强要比 1MPa/min 的加荷速率测得的强度提高 15% 左右。又如,按规定速率加荷至极限强度的 90% 左右,并维持荷载不变,则过几分钟或更长一些时间,试件也会破坏。因此对各种材料的力学性能测试,都有加荷速率的规定。

3) 试验报告

试验的主要内容都应在试验报告中反映。试验报告的形式不尽相同,但其内容都应该包括:

①试验名称、内容;

②目的与原理;

③试样编号、测试数据与计算结果;

④结果评定与分析;

⑤试验条件与日期;

⑥试验班组号、试验者姓名等。

试验报告是经过数据整理、计算、编制的结果,而不是原始记录,也不是计算过程的罗列。经整理计算后的数据可用图、表表示,达到一目了然。为了编写出符合要求的试验报告,在整个试验过程中必须做好有关现象与原始数据的记录,以便于分析、评定测试结果。

1.2.2 测量误差

一般说来,测定值并不是观测对象的真正数值(或称真值),只是客观情况的近似结果。虽然物理量的真值通常是不可知道的,但是可以估计测定值与真值相差的程度。这种测定值与真值之间的差异,称为测定值的观测误差,简称误差。

1) 测量及其分类

测量就是对客观事物取得定量的情报,即是对事物的某种特性获得数字的表征,也就是将待测量直接或间接地与另一个同类的已知量相比较的过程。已知的量是由测量仪器与工具来体现的,作为标准的量。

测量可以分为直接测量、间接测量与总和测量三类。

(1) 直接测量

未知量与已知量直接比较,从而直接求得未知量的数值。可用下式表示:

$$Y = x$$

式中:Y——未知量的值;

x——由测量直接获得的数值。

(2) 间接测量

未知量系通过一定的公式与几个变量相联系,其值不能直接求得,需将分别对各变量进行直接测量所得的值代入公式中,经过计算而得未知量的数值。间接测量可用下式表示:

$$Y = F(x_1, x_2, \cdots, x_n)$$

式中,$x_1, x_2, \cdots, x_n$ 表示各函数直接测量的数值。

例如测量材料的弹性模量 E,利用下列公式:

$$E = \frac{PL}{A\Delta L}$$

式中:P——试件上所加荷载;

L——测量标距;

A——试件受荷面积;

ΔL——标距内试件变形值。

间接测量用得最多。自然界的全部知识,主要是建立在间接测量基础上。

(3) 总和测量

简单地说,使各个未知量以不同的组合形式出现。根据直接测量或间接测量所得数值,通过求解联立方程组,以求得未知量的数值。例如混凝土强度与回弹值的关系可用下式表示:

$$R = aN^b$$

式中:R——混凝土强度;

N——混凝土回弹值;

a、b——系数,可用两个方程式或采用回归分析方法来求得。

2) 误差的分类

从不同的角度,误差可以有不同的分类方法。按照误差最基本的性质与特点,可以把误差分为三大类:系统误差、随机误差和疏失误差。

(1) 系统误差

凡恒定不变或者是遵循一定规律变化的误差称为系统误差或确定性误差。产生系统误差的原因主要来自测量仪器和工具、测量人员、测量方法和条件三个方面。

来自测量仪器和工具的系统误差,是由于测量所用的仪器和工具本身不完善而产生的误差。例如,天平砝码不准确而产生的固定不变的系统误差,等臂天平两臂不等而产生线性规律变化的系统误差,万能试验机的刻度盘指针轴心不在圆心上而产生周期性变化的系统误差等。

来自观测者的系统误差,是由于观测者的不同习惯(如有人总是用左眼观测,有人总是用右眼观测,从而造成读数时的视差)所引起的误差。

来自测量方法和条件的系统误差,是由于没有按照正确的方法进行,或者由于外界环境的影响而产生的误差。

在一个测量中:如果系统误差很小,则表示测量结果是相当准确的,所以测量的准确度是由系统误差来表征的。

(2)随机误差

凡误差的出现没有规律性,其数值的大小与性质不固定,误差是随机变化的称为随机误差。任何一次测量中,随机误差是不可避免的,而且在同一条件下,重复进行的各次测量中,随机误差的大小、正负,各有其特征,但就其总体来说,却具有某些内在的共性,即服从一定的统计规律,出现的正负误差概率几乎相等。

随机误差产生的原因多种多样,是由于许多互不相干的独立因素引起的,目前尚不完全清楚,但大多数因素与系统误差是一样的,只不过由于变化因素太多或者由于其影响太微小而且复杂,以致无法掌握其具体规律。

随机误差不能用试验的方法消除,但其总体是有规律的。根据随机误差的理论分析,一组多次重复测量值的算术平均值是最有代表性的数值,所以在重复测量中,取其算术平均值作为测量结果的一个重要指标。

在具体测量中,如果数值大的随机误差出现的概率比数值小的随机误差出现的概率低得多,则表示测量结果较为精密,所以测量的精密度是随机误差弥散程度的表征。

(3)疏失误差(差错)

由于观测者的疏忽大意引起操作错误的读数错误、计算错误等,都会使测量数据明显地歪曲,测量结果是完全错误的,这种误差称为疏忽误差。疏失误差影响远远超过同一客观条件下的系统误差与随机误差,凡含有疏失误差的数据应舍去。

3)绝对误差与相对误差

绝对误差是表示测定值与真值的偏离,既表示偏离的大小,又指明了偏离的方向,有正负之分,不是误差的绝对值,绝对误差有时就称为误差,它表示测量的准确度。由于真值一般是无法测得的,故通常采用最大绝对误差表示。

相对误差是绝对误差与真值之比,通常可采用百分数(%)表示。相对误差表示测量的精密度,具有可比性。同样,在具体测量中常采用最大相对误差。例如,用250kN万能试验机进行钢材抗拉试验,测得最大荷载为198000N,如最大绝对误差为1000N,则该观测值的最大相对误差为

$$\delta_1 = \frac{1000}{198000} \times 100\% \approx 0.5\%$$

又如，用20kN电子万能试验机测试纤维增强水泥板的抗折强度，测得最大荷载为728N，如最大绝对误差为4N，则该观测值的最大相对误差为

$$\delta_2 = \frac{4}{728} \times 100\% \approx 0.5\%$$

上述两个数值具有相近的最大相对误差，也就是说它们的精密度是相近的。但如各自用最大绝对误差来表示准确度，就可能会得出错误的结论，误认为后者比前者准确。由此可见，最大相对误差给观测值以可比性。关于误差传递可参考有关资料。

4) 数字修约规则

《标准化工作导则 第1部分：标准的结构和编写规则》(GB/T 1.1—2009) 对数字修约规则作了具体规定。在制订、修订标准中，各种测定值、计算值需要修约时，应按下列规则进行。

① 在拟舍弃的数字中，保留数后边(右边)第一个数小于5(不包括5)时，则舍去，保留数的末位数字不变。

例如，将11.2432修约到保留一位小数，修约后为11.2。

② 在拟舍弃的数字中，保留数后边(右边)第一个数字大于5(不包括5)时，则进一，保留数的末位数字加一。

例如，将36.4846修约到保留一位小数，修约后为36.5。

③ 在拟舍弃的数字中保留数后边(右边)第一个数字等于5，而5后边的数字并非全部为零时，则进一，即保留数末位数加一。

例如，将1.0501修约到保留小数一位，修约后为1.1。

④ 在拟舍弃的数字中，保留数后边(右边)第一个数字等于5，而5后边的数字全部为零时，保留数的末位数字为奇数时则进一，若保留的末位数字为偶数(包括0)则不进。

例如，将下列数字修约到保留一位小数。

修约前 0.3500　　　修约后 0.4

修约前 0.4500　　　修约后 0.4

修约前 1.0500　　　修约后 1.0

⑤ 所拟舍弃的数字，若为两位以上的数字，不得连续进行多次(包括两次)修约，应根据保留数后边(右边)第一个数字的大小，接上述规定一次修约出结果。

例如，将13.4546修约成整数。

正确的修约是：

修约前 13.4546　　　修约后 13

不正确的修约是：

修约前	一次修约	二次修约	三次修约	四次修约(结束)
13.4546	13.455	13.46	13.5	14

1.2.3　可疑值的剔除

在定量分析中,常用统计的方法来评价试验所得的数据,决定测定数据的取舍就是其中的一个内容。

1)置信水平和置信区间

多次测定的平均值比单次测定的更可靠,测定次数越多,所得平均值越可靠。但是,平均值的可靠性是相对的,仅有一个平均值不能明确说明测定结果的可靠性。如果再求出平均值的标准偏差 $S_{\bar{x}} = S/\sqrt{n}$,以 $\bar{X} + S_{\bar{x}}$ 来表示测定结果会更好一些。

2)可疑数据舍弃的实质

若置信水平确定为 95%,有一个可疑数据,如在 95% 的范围内,则可取;如在 5% 范围内,可认为这个数据的误差不属于偶然误差,而属于过失误差,故这个可疑数据应舍弃。由此可见,可疑数据的舍弃问题,实质上就是区别两种性质不同的偶然误差和过失误差。

3)数据取舍的方法

数据取舍的方法通常有 4d 准则、Q 检验法、Dixon 检验法和 Grubbs 检验法。由于 Grubbs 检验法较合理,且适用性强,因此一般采用此法。

Grubbs 检验法又称 Smiroff – Grubbs 检验法,应用此法处理数据时,按下述三种不同情况来处理:

(1)只有一个可疑数据

有 n 个测定数据,$X_1 < X_2 < X_3 < \cdots < X_n$,$X_1$ 为可疑数据时,统计量 T 的计算式为 $T_1 = (\bar{X} - X_1)/S$;X_n 为可疑数据时,统计量计算式为 $T_n = (X_n - \bar{X})/S$。

(2)可疑数据有两个或两个以上,且都在平均值的同一侧

例如,X_1 和 X_2 都为可疑数据,则先检验最内侧的一个数据,即 X_2,通过计算 T_2 来检验 X_2 是否应舍弃。如 X_2 可舍弃,X_1 自然也应舍弃。在检验 X_2 时,测定次数应作为少了一次。

(3)可疑数据有两个或两个以上,而又在平均值两侧

例如,X_1 和 X_n 都为可疑数据,那么应分别先后检验 X_1 和 X_n 是否应舍弃。如果有一个数据决定舍弃,则另一个数据检验时,测定次数应作为少了一次,此时,应选择 99% 的置信水平。

当 $T_{临} \leq T$ 时,则可疑值应舍去。

(4)对试验结果表示的要求

测定次数是 2 时,计算平均值和相对相差 $\dfrac{X_1 - X_2}{\bar{X}} \times 100\%$;测定次数在 3 以上(包括 3)时,用 Grubbs 检验法判断,计算平均值 $\bar{X}$、S、T,决定舍弃后,还应算出舍弃后平均值。

单元 2　水　泥　检　测

2.1　水泥基本性能及质量标准

2.1.1　术语和定义

1）通用硅酸盐水泥

以硅酸盐水泥熟料和适量的石膏及规定的混合材料制成的水硬性胶凝材料。

2）细度

描述水泥粗细程度的参数。用规定筛网上所得筛余物的质量占试样原始质量的百分数或用比表面积来表示水泥样品的细度。

3）凝结时间

水泥从加水开始,到水泥浆失去可塑性所需的时间。

4）安定性

安定性为表征水泥硬化后体积变化均匀性的物理指标。雷氏法是观察由两个试针的相对位移所指示的水泥标准稠度净浆体积膨胀程度,而试饼法是观察水泥标准稠度净浆试饼体积膨胀程度。

5）标准稠度用水量

简称稠度,是指水泥净浆达到规定稠度时的加水量,以水泥质量百分率表示,用于测定水泥浆凝结时间和安定性的用水量。

6）水泥胶砂

水泥胶砂为一定比例的水泥、砂和水的混合物。水泥可以是不同类型的,砂可以是标准砂或 ISO 砂,一般用水量会根据不同要求而改变。

7）强度等级

硅酸盐水泥的强度等级分为 42.5、42.5R、52.5、52.5R、62.5、62.5R 六个等级。

普通硅酸盐水泥强度等级分为 42.5、42.5R、52.5、52.5R 四个等级。

矿渣硅酸盐水泥、火山灰质硅酸盐水泥、粉煤灰硅酸盐水泥、复合硅酸盐水泥的强度等级分为 32.5、32.5R、42.5、42.5R、52.5、52.5R 六个等级。

2.1.2　水泥材料技术标准

1）凝结时间

（1）硅酸盐水泥初凝时间不小于 45min,终凝时间不大于 390min。

（2）普通硅酸盐水泥、矿渣硅酸盐水泥、火山灰质硅酸盐水泥、粉煤灰硅酸盐水泥和复合硅酸盐水泥初凝时间不小于 45min,终凝时间不大于 600min。

2) 安定性

沸煮法合格。

3) 强度

不同品种强度等级的通用硅酸盐水泥,其不同龄期的强度应符合表 2-1 的规定。

水泥强度等级(单位:MPa)　　　　表 2-1

品　种	强度等级	抗 压 强 度		抗 折 强 度	
		3d	28d	3d	28d
硅酸盐水泥	42.5	≥17.0	≥42.5	≥3.5	≥6.5
	42.5R	≥22.0		≥4.0	
	52.5	≥23.0	≥52.5	≥4.0	≥7.0
	52.5R	≥27.0		≥5.0	
	62.5	≥28.0	≥62.5	≥5.0	≥8.0
	62.5R	≥32.0		≥5.5	
普通硅酸盐水泥	42.5	≥17.0	≥42.5	≥3.5	≥6.5
	42.5R	≥22.0		≥4.0	
	52.5	≥23.0	≥52.5	≥4.0	≥7.0
	52.5R	≥27.0		≥5.0	
矿渣硅酸盐水泥 火山灰硅酸盐水泥 粉煤灰硅酸盐水泥 复合硅酸盐水泥	32.5	≥10.0	≥32.5	≥2.5	≥5.5
	32.5R	≥15.0		≥3.5	
	42.5	≥15.0	≥42.5	≥3.5	≥6.5
	42.5R	≥19.0		≥4.0	
	52.5	≥21.0	≥52.5	≥4.0	≥7.5
	52.5R	≥23.0		≥4.5	

4) 细度

硅酸盐水泥和普通硅酸盐水泥的细度用比表面积表示,其比表面积不小于 $300m^2/kg$;矿渣硅酸盐水泥、火山灰质硅酸盐水泥、粉煤灰硅酸盐水泥和复合硅酸盐水泥的细度用筛余表示,其 $80\mu m$ 方孔筛筛余不大于 10% 或 $45\mu m$ 方孔筛筛余不大于 30%。

2.2　水泥试验

2.2.1　水泥试验的一般规定

1) 取样方法

水泥取样依据国家标准《水泥取样方法》(GB 12573—1990)的规定进行。

①散装水泥。对同一水泥厂生产的同期出厂的同品种、同强度等级的水泥,以一次进场的同一出厂编号的水泥为一批。但一批总质量不得超过 500t。随机地从不少于 3 个车罐中各采

取等量水泥,经混拌均匀后,再从中称取不少于 12kg 水泥作为检验试样。

②袋装水泥。对同一水泥厂生产的同期出厂的同品种、同强度等级的水泥,以一次进场的同一出厂编号的水泥为一批。但一批总质量不得超过 200t。随机地从不少于 20 袋中各采取等量水泥,经混拌均匀后,再从中称取不少于 12kg 水泥作为检验试样。

③按照上述方法取得的水泥样品,在按标准规定进行检验前,将其分成两份:一份用于标准检验;一份密封保存 3 个月,以备有疑问时复检。

④当在使用中对水泥质量有怀疑或水泥出厂时间超过 3 个月时,应进行复检,按复检结果使用。

⑤对水泥质量发生疑问需要作仲裁时,应按仲裁方法进行。

⑥交货与验收。交货时水泥的质量验收可抽取实物试样以其检验结果为依据,也可以水泥厂同编号水泥的检验报告为依据。采取何种方式验收由买卖双方商定,并在合同协议中注明。

2)养护条件

试体成型的实验室温度应保持在 20℃ ±2℃ ,相对湿度不应低于 50% ,试体带模养护箱温度保持在 20℃ ±1℃ ,相对湿度不低于 90% 。实验室空气温度和湿度及养护箱温度和湿度在工作期间每天至少记录一次。

3)对试验材料的要求

①当试验水泥从取样至实验室要保持 24h 以上时,应把它储存在基本装满和气密的容器里,这个容器应不与水泥起反应。

②仲裁试验或重要试验用蒸馏水,其他试验可用饮用水。

③我国所采用的 ISO 标准砂可以单粒级分袋包装,也可以各级预配以 1350g ± 5g 量得塑料袋混合包装,但所用塑料袋材料不得影响强度试验结果。

④水泥试样、ISO 标准砂、拌和水及试模等的温度均应与实验室温度相同。

2.2.2　水泥细度试验——80μm 筛析法

1)试验目的

用 80μm 方孔标准筛检验水泥细度。

本方法适用于硅酸盐水泥、普通硅酸盐水泥、矿渣硅酸盐水泥、火山灰质硅酸盐水泥、粉煤灰硅酸盐。

2)检验方法

(1)负压筛析法

①仪器设备。

a. 试验筛:试验筛由圆形筛框和筛网组成,附有透明筛盖,筛盖与筛上口应有良好的密封性。

b. 负压筛析仪:负压筛析仪由筛座、负压筛、负压源及收尘器组成,其中筛座由转速为

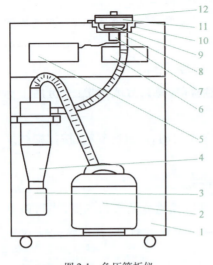

图 2-1 负压筛析仪

1-箱体;2-吸尘器;3-集灰瓶;4-旋风筒;5-负压表; 6-时间控制器;7-电动机;8-硬管;9-喷气嘴;10-筛座;11-试验筛;12-筛盖

30r/min±2r/min 的喷气嘴、负压表、控制板、微电机及壳体构成,如图 2-1 所示。筛析仪负压可调范围 4000～6000Pa,喷气嘴上口平面与筛网之间距离为 2～8mm。

c. 天平:最大称量 100g,分度值不大于 0.05g。

d. 浅盘、毛刷等。

② 试验步骤。

a. 筛析试验前,应把负压筛放在筛座上,盖上筛盖,接通电源,检查控制系统,调节负压至 4000～6000Pa 范围内。

b. 称取试样 25g,精确至 0.01g,置于洁净的负压筛中,放在筛座上,盖上筛盖,接通电源,开动筛析仪连续筛析 2min,在此期间如有试样附着在筛盖上,可轻轻地敲击筛盖使试样落下。筛毕,用天平称量全部筛余物。

当工作负压小于 4000Pa 时,应清理吸尘器内的水泥,使负压恢复正常。

(2) 水筛法

① 仪器设备。

a. 标准筛:方孔铜丝网筛布,方孔边长 80μm;筛框有效直径为 125mm,高为 80mm。

b. 筛支座:能带动筛子转动,转速为 50r/min。

c. 喷头:直径 55mm,面上均匀分布 90 个孔,孔径 0.5～0.7mm。

d. 天平:最大称量 100g,分度值不大于 0.05g。

② 试验步骤。

a. 筛析试验前,应检查水中无泥、砂,调整好水压及水筛架的位置,使其能正常运转,并控制喷头底面和筛网之间距离为 35～75mm。

b. 称取试样 25g,精确至 0.01g,置于洁净的水筛中,立即用淡水冲洗至大部分细粉通过后,放在水筛架上,用水压为 0.05MPa±0.02MPa 的喷头连续冲洗 3min。筛毕,用少量水把筛余物冲至蒸发皿中,等水泥颗粒全部沉淀后,小心倒出清水,烘干并用天平称量全部筛余物。

(3) 试验筛的清洗

试验筛必须保持洁净,筛孔通畅,使用 10 次后要进行清洗。金属筛框、铜丝网筛洗时,应用专门的清洗剂,不可用弱酸浸泡。

3) 水泥试验筛的标定方法

(1) 原理

用标准样品在试验筛上的测定值与标准样品的标准值的比值来反映试验筛孔的准确度。

（2）水泥细度标准样品

标准样品应符合《水泥标准粉》（GSB 14-1511—2009）的有关要求，或相同等级的标准样品。有争议时以 GSB 14-1511—2009 标准样品为准。

（3）标定操作

将标准试样装入干燥洁净密闭广口瓶内，盖上盖子摇动 2min，消除结块。静置 2min 后，用一根干燥洁净的搅拌棒搅匀样品。按照筛析法的试验步骤测定标准样在试验筛上的筛余百分数。每个试验筛的标定应称取两个标准样品连续进行，中间不得插做其他样品试验。

（4）标定结果

两个样品结果的算术平均值作为最终测定值，但当两个样品筛余结果相差大于 0.3% 时，应称取第三个样品进行试验，并取得接近的两个结果进行平均作为最终结果。

试验筛修正系数按照式（2-1）进行计算，精确至 0.01。

$$C = \frac{F_n}{F_t} \tag{2-1}$$

式中：C——试验筛修正系数；

F_n——标准样品的筛余标准值（%）；

F_t——标准样品在试验筛上的筛余值（%）。

修正系数 C 在 0.80~1.20 之间，试验筛可继续使用，超出这个范围，则试验筛淘汰。

4）结果计算与评定

（1）水泥试样筛余百分数按式（2-2）计算，精确至 0.1%。

$$F = \frac{R_s}{m} \times 100\% \tag{2-2}$$

式中：F——水泥试样的筛余百分数（%）；

R_s——水泥筛余物的质量（g）；

m——水泥试样的质量（g）。

（2）筛余结果的修正。为使试验结果可比，应采用试验筛修正系数方法来修正式（2-2）计算的结果。

水泥试样筛余百分数结果修正按式（2-3）计算：

$$F_c = CF \tag{2-3}$$

式中：F——水泥试样修正前的筛余百分数（%）；

F_c——水泥试样修正后的筛余百分数（%）；

C——试验筛修正系数。

（3）每个样品应称取两个试样分别筛析，取筛余平均值为筛析结果。若两次筛余结果绝对误差大于 0.5%（筛余值大于 5.0% 时可放至 1.0%），应再做一次试验，取两次相近结果的算术平均值作为最终结果。

负压筛法和水筛法测定的结果发生争议时,以负压筛法为准。

2.2.3 水泥细度试验——勃氏比表面积法

1)试验目的

采用勃氏法进行水泥比表面积测定,本方法适用于硅酸盐水泥和普通硅酸盐水泥的细度测试。

图2-2 勃氏透气仪

2)仪器设备

(1)勃氏透气仪:如图2-2所示,由透气圆筒、压力计、抽气装置等三部分组成。

(2)滤纸:采用中速定量滤纸。

(3)天平:感量1mg。

(4)秒表:分度值为0.5s。

(5)其他:烘干箱、干燥箱和毛刷等。

(6)水泥样品:按规定发放取样,过0.9mm方孔筛,在能控温在110℃±5℃烘箱中烘干1h,并在干燥器中冷却至室温。

(7)基准材料:应符合GSB 14-1511—2009的要求,或相同等级的标准样品。有争议时以GSB 14-1511—2009的标准样品为准。

(8)压力计液体:带有颜色蒸馏水或直接采用无色蒸馏水。

(9)汞:分析纯汞。

3)仪器校准

(1)使用符合GSB 14-1511—2009的要求,或相同等级的标准样品。有争议时,以GSB 14-1511—2009的标准样品为准。

(2)仪器校准至少每年进行一次,使用频繁时每半年进行一次,仪器设备维修后也要重新标定。

4)试验步骤

(1)漏气检查

透气圆筒上口用橡皮塞塞紧,接到压力计上。用抽气装置从压力计一臂中抽出部分气体,然后关紧阀门,观察是否漏气。如发现漏气,用活塞油脂加以密封。

(2)试料层体积的测定

①水银排代法:将两片滤纸沿圆筒壁放入透气圆筒内,用一个直径略比透气圆筒小的细长棒往下按,直到滤纸平整放在金属的穿孔板上。然后装满水银,用一小块薄玻璃板轻轻压水银表面,使水银面与圆筒口平齐,并须保证在玻璃板和水银面之间没有气泡或空洞存在。从圆筒中倒出水银,称量,精确至0.05g。重复几次测定,到数值基本不变为止。然后从圆筒中取出一片滤纸,试用约3.3g的水泥,压实水泥层。再在圆筒上部空间注入水银,同上述方法除去气

泡,压平,倒出水银称量,重复几次,直到水银称量值相差小于 0.05g 为止。

注:应制备坚实的水泥层,如水泥太松或不能压到要求体积时,应调整水泥的试用量。

②圆筒内试料层体积 V 按式(2-4)计算,精确到 $5\times10^{-9}\mathrm{m}^3$。

$$V = 10^{-6} \times (P_1 - P_2)/\rho_{水银} \tag{2-4}$$

式中:V——试料层体积(m^3);

P_1——未装水泥时,充满圆筒的水银质量(g);

P_2——装水泥后,充满圆筒的水银质量(g);

$\rho_{水银}$——试验温度下水银的密度($\mathrm{g/cm^3}$),见表 2-2。

在不同温度下水银密度、空气黏度 η 和 $\sqrt{\eta}$ 表 2-2

室温(℃)	水银密度(g/cm³)	空气黏度 η(Pa/s)	$\sqrt{\eta}$
8	13.58	0.0001749	0.01322
10	13.57	0.0001759	0.01326
12	13.57	0.0001768	0.01330
14	13.56	0.0001778	0.01333
16	13.56	0.0001788	0.01337
18	13.55	0.0001798	0.01341
20	13.55	0.0001808	0.01345
22	13.54	0.0001818	0.01348
24	13.54	0.0001828	0.01352
26	13.53	0.0001837	0.01355
28	13.53	0.0001847	0.01359
30	13.52	0.0001857	0.01363
32	13.52	0.0001867	0.01366
34	13.51	0.0001876	0.01370

③试料层体积的测定,至少进行两次。每次应单独压实,若两次数值相差不超过 $5\times10^{-9}\mathrm{m}^3$,则取两次平均值,精确至 $10^{-10}\mathrm{m}^3$,并记录测定过程中圆筒附近的温度。每隔一季度至半年应重新校正试料层体积。

(3)试样准备

①将在110℃±5℃烘箱中烘干并在干燥器中冷却至室温的标准试样倒入100mL的密闭瓶内,用力摇2min,将结块成团的试样振碎,使试样松散。静置2min后,打开瓶盖,轻轻搅拌,使在松散过程中落到表面的细粉分布到整个试样中。

②水泥试样过0.9mm方孔筛,在能控温在110℃±5℃烘箱中烘干1h,并在干燥器中冷却至室温。

(4) 确定试样质量

校正试样用的标准试样质量和被测定水泥的质量,应达到在制备的试料层中的空隙率为 0.500 ± 0.005(50.0% ± 0.5%),按式(2-5)计算为:

$$W = \rho V(1 - n) \tag{2-5}$$

式中:W——需要的试样量(kg),精确至 1mg;

ρ——试样密度(kg/m³);

V——测定的试料层体积(m³);

n——试料层空隙率。

注:一般水泥的空隙率为 0.500 ± 0.005(50.0% ± 0.5%)。

(5) 试料层制备

将穿孔板放入透气圆筒的凸缘上,用一根直径比圆筒略小的细棒把一片滤纸送到穿孔板上,边缘压紧。称取一定量的水泥,精确至 0.001g,倒入圆筒。轻轻敲击圆筒边,使水泥层平坦。再放入一片滤纸,用捣器均匀捣实试料层,直至捣器的支持环紧紧接触圆筒顶边并旋转两周,慢慢取出捣器。

(6) 透气试验

把装有试料层的透气圆筒连接在压力计上,要保证紧密连接不致漏气,并不振动所制备的试料层。

打开微型电磁泵慢慢从压力计一臂中抽出空气,直至压力计内液面上升到扩大部下端时关闭阀门。当压力计内液面的弯月面下降到第一个刻度线时开始计时,当液体的弯月面下降到第二条刻度线时停止计时,记录液面从第一条刻度线下降到第二条刻度线所需的时间,以秒表(s)记录,记录下试验时的温度(℃)。

5) 计算与结果处理

(1) 当被测物料的密度、试料层的空隙率与标准试样相同,试验温差不大于 ±3℃ 时,可按式(2-6)计算:

$$S = \frac{S_s \sqrt{T}}{\sqrt{T_s}} \tag{2-6}$$

试验温差大于 ±3℃ 时,可按式(2-7)计算:

$$S = \frac{S_s \sqrt{\eta_s} \sqrt{T}}{\sqrt{\eta} \sqrt{T_s}} \tag{2-7}$$

式中:S——被测试样的比表面积(cm²/g);

S_s——标准样品的比表面积(cm²/g);

T——被测试样试验时,压力计中液面降落测得的时间(s);

T_s——标准样品试验时,压力计中液面降落测得的时间(s);

η——被测试样试验温度下的空气黏度($\mu Pa \cdot s$);

η_s——标准样品试验温度下的空气黏度($\mu Pa \cdot s$)。

(2)当被测试样试料层的空隙率与标准试样试料层的空隙率不同,试验温差不大于±3℃时,可按式(2-8)计算:

$$S = \frac{S_s \sqrt{T}(1-n_s)\sqrt{n^3}}{\sqrt{T_s}(1-n)\sqrt{n_s^3}} \tag{2-8}$$

试验温差大于±3℃时,可按公式(2-9)计算:

$$S = \frac{S_s \sqrt{\eta_s}\sqrt{T}(1-n_s)\sqrt{n^3}}{\sqrt{\eta}\sqrt{T_s}(1-n)\sqrt{n_s^3}} \tag{2-9}$$

式中:n——被测试样试料层中的空隙率;

n_s——标准样品试样层中的空隙率。

(3)当被测试样的密度和空隙率均与标准试样不同,试验温差不大于±3℃时,可按式(2-10)计算:

$$S = \frac{S_s \rho_s \sqrt{T}(1-n_s)\sqrt{n^3}}{\rho \sqrt{T_s}(1-n)\sqrt{n_s^3}} \tag{2-10}$$

试验温差不大于±3℃时,可按式(2-11)计算:

$$S = \frac{S_s \rho_s \sqrt{\eta_s}\sqrt{T}(1-n_s)\sqrt{n^3}}{\rho \sqrt{\eta}\sqrt{T_s}(1-n)\sqrt{n_s^3}} \tag{2-11}$$

式中:ρ——被测试样的密度(g/cm^2);

ρ_s——标准样品的密度(g/cm^3)。

(4)比表面积的单位为m^2/kg,精确至$1m^2/kg$。

(5)水泥比表面积应由两次透气试验结果的平均值确定,精确至$1m^2/kg$。如果两次试验结果相差2%以上,应重新试验。

2.2.4 水泥标准稠度用水量试验——标准法

1)试验目的

测定水泥标准稠度用水量,用于水泥凝结时间和安定性试验。

2)仪器设备

(1)水泥净浆搅拌机:如图2-3所示。

(2)标准法维卡仪:如图2-4所示,维卡仪附有标准稠度测定用试杆,另有装水泥净浆的试模,每只试模应配备一个大于试模,厚度不小于2.5mm玻璃底板。

(3)量筒:最小刻度0.1mL,精度1%。

(4)天平:准确称量至1g。

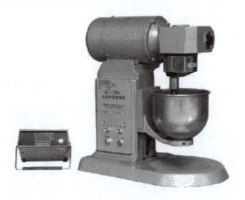 

图2-3 水泥净浆搅拌机　　　　　　图2-4 标准法维卡仪

3）试样制备

（1）试验准备

①调整维卡仪的金属棒能够自由滑动。

②调整至试杆接触玻璃板时指针对准零点。

③确保水泥净浆搅拌机运行正常。

（2）水泥净浆拌制

用湿布擦拭搅拌锅和搅拌叶片，将拌和水倒入搅拌锅中，然后在5～10s内小心将称好的500g水泥加入水中，防止水和水泥溅出；先将锅放在搅拌机的锅座上，升至搅拌位置，启动搅拌机，低速搅拌120s，停15s，同时将叶片和锅壁上的水泥浆刮入锅中间，接着高速搅拌120s，停机。

（3）标准稠度用水量测定步骤

①拌和结束后，立即将拌制好的水泥净浆装入已置于玻璃底板上的试模中，用小刀插捣多次，刮去多余的净浆。

②抹平后迅速将试模和底板移到维卡仪上，并将其中心定在试杆下，降低试杆直至与水泥净浆表面接触，拧紧螺栓1～2s后，突然放松，使试杆垂直自由地沉入水泥净浆中，在试杆停止沉入或释放试杆30s时记录试杆距底板之间的距离，升起试杆后，立即擦净。

③整个操作应在搅拌后1.5min内完成。以试杆沉入净浆并距底板6mm±1mm的水泥净浆为标准稠度净浆。其拌和水量为该水泥的标准稠度用水量（P），按水泥质量的百分比计。

④当试杆距离玻璃板小于5mm时，应当适当减水，重复水泥浆的拌制和上述过程；若距离大于7mm时，则应适当加水，并重复水泥浆的拌制和上述过程。

2.2.5　水泥净浆凝结时间试验

1）试验目的

测定水泥的初、终凝时间，作为评定水泥质量的依据之一。

2）仪器设备

(1)水泥净浆搅拌机。
(2)维卡仪:维卡仪附有测定初凝时间和终凝时间的试针,另有装水泥净浆的试模。
(3)量筒:最小刻度为0.1mL,精度为1%。
(4)天平:精确称量至1g。
(5)湿气养护箱:应能使温度控制在20℃±3℃,湿度大于90%。

3)试验准备

将圆模放在玻璃板上,在模内稍涂一层机油,调整维卡仪初凝试针,使之接触玻璃板时,试针对准标准尺零点。

4)试验步骤

(1)以标准稠度用水量,按测定标准稠度用水量的方法制成标准稠度净浆。标准稠度净浆一次装满试模,振动数次刮平,立即放入湿气养护箱中,记录水泥全部加入水中的时间作为凝结时间的起始时间。

(2)初凝时间的测定。由水泥全部加入水中至初凝状态的时间为水泥的初凝时间,用min表示。试件在湿气养护箱中养护至加水后30min时进行第一次测定。测定时,从湿气养护箱中取出试模放到试针下,降低试针与水泥净浆表面接触,拧紧螺栓1~2s后,突然放松,试针垂直自由地沉入水泥净浆,观察试针停止下沉或释放试针30s时指针的读数,当试针沉至距底板4mm±1mm时为水泥达到初凝状态。

(3)终凝时间的测定。由水泥全部加入水中至终凝状态的时间为水泥的终凝时间,用min表示。为了准确观测试针沉入的状况,在终凝针上安装了一个环形附件,在完成初凝时间测定后,立即将试模连同浆体以平移的方式从玻璃板取下,翻转180°,直径大端向上、小端向下放在玻璃板上,再放入湿气养护箱中继续养护。临近终凝时间时每隔15min测定一次,当试针沉入试体0.5mm时,即环形附件开始不能在试体上留下痕迹时为水泥达到终凝状态。

5)试验注意事项

(1)在最初测定时,应轻扶金属柱,使其缓慢下降,以防试针撞弯,但结果以自由下落为准。

(2)在整个测试过程中,试针沉入的位置至少要距试模内壁10mm。

(3)临近初凝时,每隔5min测定一次;临近终凝时,每隔15min测定一次。

(4)到达初凝或终凝时,应立即重复测一次,当两次结论相同时,才能定为达到初凝或终凝状态。

(5)每次测定不能让试针落入原针孔。每次测试完毕须将试针擦净并将试模放回湿气养护箱内。整个测试过程要防止试模受振。

2.2.6 水泥安定性试验

可以采用标准法(雷氏法)或代用法(试饼法)进行水泥安定性试验。当采用两种方法的测定结果有争议时,以标准法为准。

1) 试验目的

测定水泥体积安定性,作为水泥质量合格的依据之一。

2) 雷氏法

雷氏法是以测定水泥净浆在雷氏夹中沸煮后的膨胀值,来检验水泥的体积安定性。

(1) 主要仪器设备

①水泥净浆搅拌机。

②湿气养护箱:应能使温度控制在20℃±3℃,湿度大于90%。

③沸煮箱:有效容积约为410mm×240mm×310mm,篦板结构应不影响试验结果,篦板与加热器之间的距离大于50mm。箱的内层由不易锈蚀的金属材料制成,能在30min±5min内将箱内试验用水由室温升至沸腾并保持3h以上,整个试验过程中不需要补充水量。

④雷氏夹:由铜质材料制成。当一根指针的根部先悬挂在一根金属丝或尼龙丝上,另一根指针的根部再挂上质量300g的砝码时,两根指针针尖的距离增加应在17.5mm±2.5mm范围内,当去掉砝码后针尖的距离能恢复至挂砝码前的状态。

⑤天平:最大称量不小于1000g,分度值不大于1g。

⑥量筒:最小刻度为0.1mL,精度为1%。

(2) 试验步骤

①以标准稠度用水量加水,制成标准稠度水泥净浆。

②将预先准备好的雷氏夹放在已稍擦油的玻璃板上,并立即将已制好的标准稠度净浆一次装满雷氏夹,装浆时一只手轻扶持雷氏夹,另一只手用宽约10mm的小刀插捣数次,然后抹平,盖上稍涂油的玻璃板,接着立即将试件移至湿气养护箱内养护24h±2h。

③调整好沸煮箱内的水位,使能保证在整个沸煮过程中都超过试件,不需中途添补试验用水,同时又能保证在30min±5min内升至沸腾。

④脱去玻璃板取下试件,先测量雷氏夹指针尖端间的距离,精确到0.5mm。接着将试件放入沸煮箱水中的试件架上,指针朝上,然后在30min±5min内加热至沸,并恒沸3h±5min。

⑤沸煮结束后,立即放掉沸煮箱中的热水打开箱盖,待箱体冷却至室温取出试件进行判定。

(3) 试验结果

测量雷氏夹指针尖端的距离(C),精确至小数点后1位,当两个试件煮后增加距离($C-A$)的平均值不大于5.0mm时,即认为该水泥安定性合格,否则为不合格。

当两个试件的$C-A>4$mm时,应用同一样品立即重做一次试验。仍然如此,则认为该水泥为安定性不合格。

3) 试饼法

试饼法是观察水泥净浆试饼沸煮后的外形变化来检验水泥体积安定性的一种方法。

(1) 主要仪器设备

①沸煮箱。

②湿气养护箱。

③玻璃板：100mm×100mm。

④量筒、天平等。

(2) 试验步骤

①以标准稠度用水量加水，制成标准稠度水泥净浆。

②将制好的标准稠度净浆取出一部分，分成两等份使之成球形，放在预先准备好的玻璃板上，轻轻振动玻璃板，并用湿布擦过的小刀由边缘向中央抹，做成直径 70～80mm、中心厚约 10mm、边缘渐薄、表面光滑的试饼，接着将试饼放入湿气养护箱内养护 24h±2h。

③脱去玻璃板取下试饼，在试饼无缺陷的情况下将试饼放在沸煮箱水中的篦板上，然后在 30min±5min 内加热至沸腾，并恒沸 3h±5min。

(3) 试验结果

目测未发现裂缝，用直尺检查也没有弯曲的试饼为安定性合格，反之为不合格。

当两个试饼判别结果不一致时，为安定性不合格。

2.2.7　水泥胶砂强度试验

1) 试验目的

通过测定不同龄期的抗折强度、抗压强度，以确定水泥的强度等级或评定水泥强度是否符合规范要求。

2) 仪器设备

(1) 行星式水泥胶砂搅拌机：如图 2-5 所示，由搅拌锅、搅拌叶、电动机等组成，应符合《行星式水泥胶砂搅拌机》(JC/T 681—2005) 的要求。

(2) 振实台：如图 2-6 所示，应符合《行星式水泥胶砂搅拌机》(JC/T 681—2005) 的要求。

图 2-5　行星式水泥胶砂搅拌机

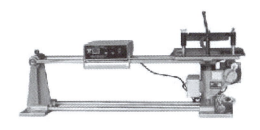

图 2-6　振实台

（3）水泥胶砂试模：由三个水平的槽模组成，可同时成型三条截面为40mm×40mm、长为160mm的棱形试体。成型操作时，应在试模上面加一个壁高20mm的金属模套，当从上往下看时，模套壁应与模型内壁重叠，超出内壁不大于1mm。为了控制料层厚度和刮平胶砂，应备有两个播料器和一个金属刮尺。

（4）抗折试验机：抗折夹具的加荷与支撑圆柱直径为10mm±0.1mm，两个支撑圆柱中心距为100mm±0.2mm。

（5）抗压试验机：抗压试验机的吨位以200～300kN为宜，并具有按2400N/s±200N/s速率加荷的能力，应具有一个能指示试件破坏的指示器。

（6）抗压夹具：符合《40mm×40mm水泥抗压夹具》（JC/T 683—2005）标准的要求，受压面积为40mm×40mm。

3）胶砂试件成型

（1）胶砂组成材料

①砂：试验采用ISO标准砂，1350g±5g。

②水泥：当试验水泥从取样至试验要保持24h以上时，应该把它储存在基本装满和气密容器里，这个容器应不与水泥反应。

③水：仲裁试验或重要试验用蒸馏水，其他试验可用饮用水。

（2）试件成型

①配合比：胶砂的质量配合比为一份水泥，三份ISO标准砂和半份水（水泥：标准砂：水 = 1:3:0.5）。一锅胶砂成型三条试块，每锅材料用量为：水泥450g±2g，ISO标准砂1350g±5g，水225mL±1mL。

②先将水加入锅内，再加入水泥，把锅放在固定架上，上升至固定位置。然后立即开动机器，低速搅拌30s后，在第二个30s开始的同时均匀地将砂子加入。

当各级砂是分装时，从最粗粒级开始，依次将所需的每级砂量加完。把机器转至高速下搅拌30s。

停拌90s，在第一个15s内用一胶皮刮具将叶片和锅壁上的胶砂刮入锅中间，在高速搅拌下继续搅拌60s。在各个搅拌阶段，时间误差应控制在±1s以内。

③用振实台成型时，将空试模和模套固定在振实台上，用适当的勺子直接从搅拌锅中将胶砂分为两层装入试模。装第一层时，每个槽里约放300g砂浆，用大播料器垂直架在模套顶部，沿每个模套来回一次将料层播平，接着振实60次。再装入第二层胶砂，用小播料器播平，再振实60次。移走模套，从振实台上取下试模，并刮尺以90°的角度架在试模顶一端，沿试模长度方向以横向割锯动作慢慢向另一端移动，一次将超出试模的胶砂刮去，并用同一直尺在近乎水平的情况下将试件表面抹平。

④在试模上做标记或加字条标明试件的编号和试件相对于振实台的位置。两个龄期以上的试件，编号时应将同一试模中的三条试件分别写在两个龄期以上。

（3）试件养护

①编号后，将试件水平放在养护箱内篦板上。对于24h龄期的，应在破型前20min内脱模。对于24h以上龄期的，应在成型后20~24h内脱模。

②脱模后立即放入水槽中养护，试件之间的间隙和试件表面的水深不得小于5mm。每个养护池中只能养护同类水泥试件，并应随时加水，保持恒定水位，不允许养护期间全部换水。

4）强度试验

试体龄期是从水泥加水搅拌开始算起。不同龄期强度试验应符合表2-3的规定。

水泥胶砂强度试验时间 表2-3

龄 期	24h	48h	3d	7d	28d
试验时间	24h±5min	48h±30min	72±45min	7d±2h	>28d±8h

（1）抗折强度试验

①采用中心加荷法测定抗折强度。

②试件放入前，应使杠杆成水平状态，将试件成型侧面朝上放入抗折试验机内。

③抗折试验加荷速度为50N/s±10N/s，直至折断，并保持两个半截棱柱试件处于潮湿状态，直至抗压试验结束。

④抗折强度按式（2-12）计算，精确至0.1MPa。

$$R_f = \frac{1.5F_f \cdot L}{b^3} \tag{2-12}$$

式中：R_f——抗折强度（MPa）；

F_f——破坏荷载（N）；

L——支撑圆柱中心距（mm）；

b——试件断面正方形的边长，为40mm。

⑤抗折强度结果取三个试件平均值，精确至0.1MPa。当三个强度值中有超过平均值±10%的，应剔除后再平均，以平均值作为抗折强度试验结果。

（2）抗压强度试验

①抗折试验结束后，立即进行抗压试验。抗压试验须用抗压夹具进行，试件受压面为试件成型时的两个侧面，尺寸为40mm×40mm。

②压力机加荷速度应控制在2400N/s±200N/s的速率范围内，在接近破坏时应严格掌握。

③抗压强度按式（2-13）计算，精确至0.1MPa。

$$R_c = \frac{F_c}{A} \tag{2-13}$$

式中：R_c——抗压强度（MPa）；

F_c——破坏荷载（N）；

A——受压面积，$40mm \times 40mm = 1600mm^2$。

④抗压强度结果为一组6个断块抗压强度的算术平均值，精确至0.1MPa。如果6个强度值中有一个值超过平均值的±10%，应剔除后以剩下5个值的算术平均值作为最后结果。如果5个值中再有超过±10%的，则此组试件无效。

2.2.8 水泥胶砂流动度试验

图2-7 水泥胶砂流动度测定仪

1）试验目的

测定水泥胶砂流动度。

2）仪器设备

（1）胶砂搅拌机。

（2）水泥胶砂流动度测定仪（简称跳桌，如图2-7所示）。

（3）试模：金属制成，由截锥圆模和模套组成。

（4）捣棒：直径$20mm \pm 0.5mm$，长度约200mm。

（5）卡尺：量程不小于300mm，分度值不大于0.5mm。

（6）小刀：刀口平直，长度大于80mm。

（7）秒表：分度值1s。

3）试样制备

按水泥胶砂强度试验的方法制备水泥胶砂。

4）试验步骤

（1）如跳桌在24h内未使用，先空跳一个周期25次。

（2）在制备胶砂的同时，用湿布擦拭跳桌台面、试模内壁、捣棒及与胶砂接触的用具，将试模放在跳桌台面中央并用湿布覆盖。

（3）将拌好的胶砂分两层装入试模，第一层装至截锥圆模高度约2/3处，用小刀在相互垂直的方向上各划5次，用捣棒由边缘至中心均匀压15次。之后装入第二层胶砂，装至高出截锥圆模约20mm，用小刀在相互垂直方向各划5次，再用捣棒由边缘至中心均匀压10次。捣压深度，第一层不超过胶砂高度1/2，第二层不超过已捣实层表面。

（4）取下模套，用小刀以近乎水平方向由中间向边缘分两次刮平，擦去落在跳桌上的胶砂。将截锥圆模垂直向上轻轻提起，立刻开动跳桌，每秒钟一次，在$25s \pm 1s$内完成25次跳动。

（5）跳动完毕，用卡尺测量胶砂底部最大扩散直径及与其垂直方向的直径，计算平均值，精确至1mm，即为该水量下的胶砂流动度。

注：流动度试验，从胶砂拌和开始到测量扩散直径结束，须在6min内完成。

单元3 细集料检测

3.1 细集料技术标准及规范

砂的试验项目较多,本节只介绍混凝土用砂的表观密度、堆积密度及紧装密度、空隙率、筛分析、含水率、泥含量、泥土块含量、砂当量、三氧化硫含量等试验项目,依据的规范、规程为《建筑用砂》(GB/T 14684—2001)、《公路工程集料试验规程》(JTG E42—2005)。

3.2 细集料试验

3.2.1 取样方法

(1)砂的部分试验项目的最小取样数量应符合规定。

(2)砂样应在料堆8个不同部位和深度上各取一份组成一组样品。

(3)取回的样品置于洁净的平板上,在潮湿状态下拌匀,用四分法缩取各项试验所需的试验数量。

四分法的方法是:将拌匀的试样摊成约200mm厚的"圆饼"状,再沿相互垂直的两条直径把"圆饼"分成大致相等的四份,取其对角的两份重新拌匀,再堆成"圆饼",重复上述过程,直至缩分至稍多于所需试样数量为止。

3.2.2 细集料表观密度的测定——容量瓶法

1)试验的目的和意义

测定砂的表观密度,可掌握混凝土用砂的基本性质,并为混凝土配合比设计和施工提供必要的依据。

2)主要仪器设备

(1)天平:称量1kg,感量0.1g。

(2)容量瓶:500mL。

(3)烘箱:能控温在105℃±5℃。

(4)烧杯:500mL。

(5)洁净水。

(6)其他:干燥器、浅盘、铝制料勺、滴管、洁净水等。

3)试验步骤和方法

(1)试样经四分法缩分至2500g,放入105℃±5℃烘箱中烘干至恒量,冷却至室温。

(2)称取 $m_0 = 300.0g$ 干燥试样,装入容量瓶,加水至500mL的刻度,旋摇容量瓶,使砂样充分摇动,排除气泡,塞紧瓶塞,静置24h,在此期间多次轻摇逐气。

(3)用滴管添水至容量瓶500mL刻度线处,以补充因排气造成的水面下降,塞紧瓶塞,称其质量(烘干砂样、水及容量瓶的总质量)m_1(g)。

(4)将瓶内的水和试样全部倒出,洗净容量瓶,再向瓶内注水至瓶颈500mL刻度处(温差不超过2℃),塞紧瓶塞,擦干瓶外水分,称其质量(水及容量瓶总质量)m_2(g)。

4)计算

按式(3-1)计算砂的表观相对密度,准确至小数点后3位(精确到0.01g/cm³)。

$$\rho' = m_0/(m_0 + m_1 - m_2) \times \rho_水 \quad 或 \quad \rho' = m_0/(m_0 + m_1 - m_2) - \alpha_t \qquad (3-1)$$

式中:ρ'——细集料的表观相对密度(g/cm³);

m_0——试样的烘干质量(g);

m_1——水及容量瓶总质量(g);

m_2——试样、水及容量瓶总质量(g);

$\rho_水$——试验温度 T 时水的密度;

α_t——试验时水温对水密度影响的修正系数。

试验时各项称量可在15~25℃温度内进行,但由于不同温度下的 $\rho_水$ 是不同的,若用 $\rho_水$ = 1g/cm³,则需减去一个修正值 a_t,a_t 值可按表3-1采用。

水在不同温度下的修正系数   表3-1

水温(℃)	15	16	17	18	19	20	21	22	23	24	25
a_t(g/cm³)	0.002	0.003	0.003	0.004	0.004	0.005	0.005	0.006	0.006	0.007	0.008

以上测试两次,以两次测值的算术平均值作为测试结果(精确到0.01g/cm³)。但两次所测值相差应小于或等于0.02g/cm³,否则应重做试验。

3.2.3 细集料表观密度的测定——李氏瓶法

1)主要仪器设备

(1)天平:称量1kg,感量0.1g。

(2)李氏密度瓶。

(3)烘箱:能控温在105℃±5℃,小漏斗,滴管等。

2)试验步骤和方法

(1)试样经四分法缩分至120g左右,放入105℃±5℃烘箱中烘干至恒量,冷却至室温。

(2)向李氏密度瓶注水至稍高于零线的某一刻度处,记录该读数 V_1(mL)。

(3)称取干试样 m = 50.0g,借助小漏斗徐徐装入已盛水的李氏密度瓶中。塞紧瓶塞,倾斜密度瓶,用瓶内的水将黏附在瓶颈内的试样洗入水中,摇转密度瓶以排除气泡,静置约24h,其间多次轻摇逐气。

(4)待气泡排净后,记录瓶中水面升高后的体积 V_2(mL)。

3)计算砂子的表观密度

砂子表观密度按公式(3-2)计算：

$$\rho = m/(V_2 - V_1) \times \rho_水 \tag{3-2}$$

以上测试两次，以两次测值的算术平均值作为测试结果(精确到 0.01g/cm³)。但两次测值相差应不大于 0.02g/cm³，否则应重做试验。

注：在砂的表观密度试验过程中测量并控制水的温度，试验期间的温差不得超过1℃。

3.2.4 细集料堆积密度及紧装密度试验

1) 试验目的和意义

测定砂自然状态下的堆积密度、紧装密度，并推算其空隙率，可掌握混凝土用砂的基本性质，并为混凝土配合比设计和施工提供必要的依据。

2) 主要仪器设备

(1) 台秤：称量5kg，感量5g。

(2) 容量筒：金属制，圆筒形，内径108mm，净高109mm，筒壁厚5mm，容积为1L。

(3) 标准漏斗。

(4) 烘箱：能使温度控制在105℃±5℃。

(5) 小勺、直尺、浅盘等。

3) 试验步骤

(1) 试样制备：用浅盘装来样约5kg，在温度为105℃±5℃的烘箱中烘干至恒量，取出并冷却至室温，分成大致相等的两份备用。

注：试样烘干后，如有结块，应在试验前予以捏碎。

(2) 容量筒容积的校正方法：以温度为20℃±5℃的洁净水装满容积筒，用玻璃板沿筒口滑移，使其紧贴水面并擦干筒外壁水分，然后称量，用公式(3-3)计算筒的容积 V。

$$V = m_2 - m_1 \tag{3-3}$$

式中：V——容量筒的容积(L)；

m_1——容量筒和玻璃板总质量(g)；

m_2——容量筒、玻璃板和水总质量(g)。

(3) 取试样2份，用漏斗或铝制料勺将它徐徐装入容量筒(漏斗出料口或料勺距容量口不应超过50mm)，直至试样装满并超出容量筒筒口，然后用直尺将多余的试样沿筒口中心线向两个相反方向刮平，称取质量(m_1)。

(4) 紧装密度：取试样1份，分两层装入容量筒，装完一层后，在筒底垫放一根直径为10mm的钢筋，将筒按住，左右交替颠击地面各25下，然后再装入第二层，第二层装满后用同样方法颠实(但筒底垫钢筋的方向应与第一层放置方向垂直)，两层装完并颠实后，加料直至试样超出容量筒筒口,然后用直尺将多余的试样沿筒口中心向两个相反方向刮平,称其质量(m_2)。

4)计算

(1)堆积密度

按式(3-4)计算,精确至0.01g/cm³。

$$\rho = (m_1 - m_0)/V \tag{3-4}$$

式中:m_0——容量筒的质量(g);
m_1——容量筒和堆积密度砂总质量(g);
V——容量筒容积(mL)。

(2)紧装密度

按式(3-5)计算,精确至0.01g/cm³。

$$\rho = (m_2 - m_0)/V \tag{3-5}$$

式中:m_0——容量筒的质量(g);
m_2——容量筒和紧装密度砂总质量(g);
V——容量筒容积(mL)。

以两次试验结果的算术平均值作为测定值。

(3)砂的空隙率计算,按式(3-6)精确至0.1%。

$$n = (1 - \rho/\rho_a) \times 100\% \tag{3-6}$$

式中:n——砂的空隙率(%);
ρ——砂的堆积或紧装密度(g/cm³);
ρ_a——砂的表观密度(g/cm³)。

以上测试两次,以两次测值的算术平均值作为测试结果(精确到0.01kg/L)。但两次测值相差应不大于0.02kg/L,否则应重做试验。

3.2.5 细集料筛分试验

1)试验目的和意义

砂的粗细程度和颗粒级配影响混凝土的和易性和强度,对砂进行筛分析试验,以判别其粗细级别和颗粒级配情况,从而判断其是否符合混凝土用砂的要求。

2)主要仪器设备

(1)标准筛。
(2)天平:称量1000g,感量不大于0.5g。
(3)电动摇筛机。
(4)烘箱:能控温在105℃±5℃。
(5)其他:浅盘和硬、软毛刷等。

3)试验步骤和方法

(1)试样先用9.50mm筛筛除大于9.50mm的颗粒(并算出其筛余百分率),经四分法缩分至每份不少于 550g 的试样两份,放入 105℃±5℃烘箱内烘干至恒量,冷却至室温。

(2)清理砂筛,并按孔径上大下小次序套好,套上筛底。

(3)称取干试样 500g,倒入套筛最上层筛中,并装紧于摇筛机中。

(4)开动摇筛机,摇筛 10min。取下套筛,按筛孔大小顺序再逐个用手筛,直至每分钟通过量不大于试样总量的 0.1% 为止,通过的砂粒并入下一号筛一起再筛。若某筛上的筛余量超过 200g 时,应分成两份再进行筛分。

(5)称量各筛上的分计筛余量,核对各筛(连同筛底)上分计筛余之和与原称试样质量相差不超过 1% 时为有效,否则应予重做。

4)计算

(1)各筛的分计筛余百分率($a_1 - a_6$)和累计筛余百分率($A_1 - A_6$)(精确至 0.1%)。

(2)按公式(3-7)计算砂的细度模数 M_x(精确至 0.1)。

$$M_x = (A_2 + A_3 + A_4 + A_5 + A_6 - 5A_1)/100 - A_1 \tag{3-7}$$

并根据 M_x 的值判断砂的粗细级别(粗砂、中砂、细砂、特细砂)。

(3)根据 0.60mm 筛的累计筛余 A_4 的值,判别该砂所属级配区(Ⅰ区、Ⅱ区、Ⅲ区),将各筛的累计筛余与所属级配区标准对照,判定该砂级配的好与差。

以上筛分试验做两次,取两次测定值的算术平均值作为试验结果。如两次试验所得的细度模数之差大于 0.2,应重新进行试验。

注:试样如为特细砂时,试样质量可减少到 100g;如试样含泥量超过 5%,不宜采用干筛法;无摇筛机时,可直接用手筛。

3.2.6 细集料含水率试验

测定细集料的含水率,以评定砂的质量,同时为混凝土的配合比设计提供参考的依据。

1. 方法一

(1)主要仪器设备

①烘箱:能控温在 105℃±5℃。

②天平:称量 2kg,感量不大于 2g。

③容器:浅盘等。

(2)试验步骤

①取两份代表性试样各约 500g,分别放入已知质量(m_0)的干燥容器中称量,记录每盘试样与容器的总量(m_2)。

②将容器连同试样放入温度为 105℃±5℃的烘箱中烘干至恒重,称烘干后的试样与容器的总量(m_1)。

(3)计算

按式(3-8)计算细集料的含水率,精确至0.1%。

$$w = (m_2 - m_3)/(m_3 - m_1) \times 100\% \qquad (3\text{-}8)$$

式中:w——细集料的含水率(%);

m_1——容器质量(g);

m_2——未烘干的试样与容器总质量(g);

m_3——烘干后的试样与容器总质量(g)。

以两次试验结果的算术平均值作为测定值,精确到0.1%。两次测值相差应不大于0.2%,否则应重做试验。

2. 方法二:含水率快速试验(酒精燃烧法)

(1)主要仪器设备。

①天平:称量200g,感量不大于0.2g。

②容器:铁或铝制浅盘。

③50mL的量筒或量杯。

④酒精:普通工业酒精。

⑤其他:毛刷、玻璃棒等。

(2)试验步骤。

①取干净容器,称取其质量(m_0)。

②将约100g试样置于容器中,称取试样和容器的总量(m_2)。

③向容器中的试样加入约20mL酒精,拌和均匀后点火燃烧并不断翻拌试样,待火焰熄灭后,过1min再加入约20mL酒精,仍按上述步骤进行。

④待第二次火焰熄灭后,称取干样与容器总质量(m_1)。

注:试样经两次燃烧后,表面应呈干燥颜色,否则须再加酒精燃烧一次。

(3)计算:与前式相同。

3.2.7 砂中泥含量的测定——筛洗法

1)试验目的和意义

砂中的泥是指粒径小于0.075mm的岩屑、淤泥和黏土的总和。砂中泥土影响混凝土的质量,测定砂的泥含量,以判别其是否符合混凝土砂的要求。(本方法不适用于人工砂、石屑等矿粉成分较多的细集料)

2)主要仪器设备

(1)天平:称量1kg,感量不大于0.1g。

(2)烘箱:能控温在105℃±5℃。

(3)标准筛:孔径0.075mm及1.18mm的方孔筛。

(4)其他:筒、浅盘等。

3)试验步骤和方法

(1)将来样用四分法缩分至每份约1000g,置于温度为105℃±5℃的烘箱中烘干至恒重,冷却至室温后,称取约400g(m_0)的试样两份备用。

(2)取烘干的试样一份置于筒中,并注入洁净的水,使水面高出砂面约200mm,充分拌和均匀后,浸泡24h,然后用手在水中淘洗试样,使尘屑、淤泥和黏土与砂粒分离,并使之悬浮水中,缓缓地将浑浊液倒入1.18~0.075mm的套筛上,滤去小于0.075mm的颗粒。试验前筛子的两面应先用水湿润,在整个试验过程中应注意避免砂粒丢失。

注:不得直接将试样放在0.075mm筛上用水冲洗,或者将试样放在0.075mm筛上后在水中淘洗,以避免误将小于0.075mm的砂颗粒当作泥冲走。

(3)再次加水于筒中,重复上述过程,直至筒内砂样洗出的水清澈为止。

(4)用水冲洗剩留在筛上的细粒,并将0.075mm筛放在水中(使水面略高出筛中砂粒的上表面)来回摇动,以充分洗除小于0.075mm的颗粒;然后将两筛上筛余的颗粒和筒中已经洗净的试样一并装入浅盘,置于温度为105℃±5℃的烘箱中烘干至恒重,冷却至室温,称取试样的质量(m_1)。

4)计算

按式(3-9)计算砂的含泥量,精确至0.1%。

$$Q_n = (m_0 - m_1)/m_0 \times 100\% \tag{3-9}$$

式中:Q_n——砂的含泥量(%);

m_0——试验前的烘干试样质量(g);

m_1——试验后的烘干试样质量(g)。

以两次试样试验结果的算术平均值作为测定值。若两次结果的差值超过0.5%,应重新取样进行试验。

3.2.8 砂中泥土块含量的测定

1)试验目的和意义

砂中的"黏土块"是指砂中粒径大于1.18mm、经浸水泡洗后变成小于0.600mm的颗粒成分。砂中的黏土块影响混凝土的质量,测定砂的黏土块含量,以判别其是否符合混凝土用砂的要求。

2)主要仪器设备

(1)天平:称量1kg,感量0.1g。

(2)烘箱:能控温在105℃±5℃。

(3)标准筛:孔径0.6mm及1.18mm。

（4）其他：洗砂用的筒及烘干用的浅盘等。

3）试验步骤和方法

（1）用分料器法或四分法缩分试样至1500g，分作两份，放在105±5℃的烘箱中烘干至恒量，冷却至室温。

（2）用1.18mm筛筛分，取筛上的砂约400g分为两份备用。

（3）取试样1份200g（m_1）置于容器中，并注入洁净的水，使水面至少超出砂面约200mm，充分拌混均匀后，静置24h，然后用手在水中捻碎泥块，再把试样放在0.60mm筛上，用水淘洗至水清澈为止。

（4）将上述筛余试样在容器中摊成薄层，加水浸没，24h后，用手捏碎黏土块，然后把试样放在0.60mm筛上进行冲洗。

（5）用细流水将保留在0.60mm筛上的颗粒反冲于搪瓷盘中，倒出盘中的水，筛余下来的试样应小心地从筛里取出，将试样（连盘）放入105℃±5℃烘箱中烘干至恒量，冷却后称其质量m_2（g），则m_1-m_2（g）为洗掉的黏土块质量。

4）计算

按式（3-10）计算砂中黏土块含量，精确至0.1%。

$$Q_k = (m_1 - m_2)/m_1 \times 100\% \tag{3-10}$$

式中：Q_k——砂中大于1.18mm的泥块含量（%）；

m_1——试验前存留于1.18mm筛上的烘干试样量（g）；

m_2——试验后的烘干试样量（g）。

取两次测定值的算术平均值作为试验结果，若两次测定值相差大于0.5%，须重做试验。

单元 4　粗集料检测

4.1　粗集料的基本性能及质量标准

4.1.1　术语和定义

1）粗集料

在沥青混合料中，粗集料是指粒径大于 2.36mm 的碎石、破碎砾石和矿渣等；在水泥混凝土中，粗集料是指粒径大于 4.75mm 的碎石、破碎砾石和矿渣等。

2）石料压碎值

按规定方法测得的石料抵抗压碎的能力，以压碎试验后小于规定粒径的石料质量百分率表示。

3）碱集料反应

水泥混凝土中因水泥和外加剂中超量的碱与某些活性集料发生不良反应而损坏水泥混凝土的现象。

4）针片状颗粒

粗集料中颗粒粒径大于所属粒级平均粒径的 2.4 倍者称为针状颗粒；粗集料中颗粒粒径小于所属粒级平均粒径的 2/5 者称为片状颗粒。

5）最大粒径

指集料中 100% 通过的最小的标准筛筛孔尺寸。

6）公称最大粒径

指集料可能全部通过或允许有少量不通过（一般容许筛余不超过 10%）的最小标准筛筛孔尺寸。通常比最大粒径小一个粒级。

4.1.2　技术标准

1）碎石或卵石的颗粒级配

碎石或卵石的颗粒级配应符合表 4-1 的要求。

碎石或卵石的颗粒级配范围　　　　　表 4-1

级配情况	公称粒级(mm)	累计筛余按质量计(%) 筛孔尺寸(方孔筛)(mm)										
		2.36	4.75	9.5	16.0	19.0	26.5	31.5	37.5	53.0	63.0	75.0	90.0
连续粒级	5~10	95~100	80~100	0~15	0	—	—	—	—	—	—	—	—
	5~16	95~100	90~100	30~60	0~10	0	—	—	—	—	—	—	—
	5~20	95~100	90~100	40~70	—	0~10	0	—	—	—	—	—	—

续上表

级配情况	公称粒级(mm)	累计筛余按质量计(%)											
		筛孔尺寸(方孔筛)(mm)											
		2.36	4.75	9.5	16.0	19.0	26.5	31.5	37.5	53.0	63.0	75.0	90.0
连续粒级	5~25	95~100	90~100	—	30~70	—	0~5	0	—	—	—	—	—
	5~31.5	95~100	90~100	70~90	—	15~45	—	0~5	0	—	—	—	—
	5~40	—	95~100	75~90	—	30~65	—	—	0~5	0	—	—	—
单粒级	10~20	—	95~100	85~100	—	0~15	0	—	—	—	—	—	—
	16~31.5	—	95~100	—	85~100	—	—	0~10	0	—	—	—	—
	20~40	—	—	95~100	—	80~100	—	—	0~10	0	—	—	—
	31.5~63	—	—	—	95~100	—	—	75~100	45~75	—	0~10	0	—
	40~80	—	—	—	—	95~100	—	—	70~100	—	30~60	0~10	0

注:公称粒级的上限为该粒级的最大粒径。

2)碎石或卵石中针、片状颗粒总含量

碎石或卵石中针、片状颗粒总含量应符合表4-2的规定。

针、片状颗粒总含量   表4-2

项目	指标		
	Ⅰ类	Ⅱ类	Ⅲ类
针、片状颗粒含量(按质量计)(%),<	5	15	25

3)碎石或卵石中的含泥量和泥块含量

碎石或卵石中的含泥量和泥块含量应符合表4-3的规定。

碎石、卵石含泥量和泥块含量   表4-3

项目	指标		
	Ⅰ类	Ⅱ类	Ⅲ类
含泥量(按质量计)(%)	<0.5	<1.0	<1.5
泥块含量(按质量计)(%)	0	<0.5	<0.7

4)压碎值

石子压碎值应符合表4-4的规定。

碎石、卵石压碎指标(单位:%)   表4-4

项目	指标		
	Ⅰ类	Ⅱ类	Ⅲ类
碎石压碎指标,<	10	20	30
卵石压碎指标,<	12	16	16

4.2 粗集料试验

4.2.1 取样方法

1）代表批量

应按同产地同规格分批取样和检验。用大型工具（如火车、货船、汽车）运输的，以400m³或600t为一验收批。用小型工具（如马车等）运输的，以200m³或300t为一验收批。不足上述数量者以一批论。

2）取样方法

在料堆上取样时，取样部位应均匀分布。取样前先将取样部位表面铲除，然后由各部位抽取大致等量的石子15份（在料堆的顶部、中部和底部各由均匀分布的5个不同部位取得）组成一组样品。

从皮带运输机上取样时，应在皮带运输机机尾的出料处用接料器定时抽取8份石子，组成一组样品。

从火车、汽车、货船上取样时，应从不同部位和深度抽取大致等量的石子16份，组成一组样品。

3）取样数量及样品处理

每组试样的取样数量，对于每一单项试验，应不小于表4-5所规定的最少取样数量，做多项试验时，如能确保样品经一项试验后不致影响另一项试验结果，可用同组样品进行多项不同的试验。

将所取样品置于平板上，在自然状态下拌和均匀，做成一个"圆饼"，然后沿互相垂直的直径把试样大致分成相等的四份，取其对角线的两份重新拌匀，再做成锥体。重复上述过程，直至把样品缩分到试验所需量为止。

每一试验项目所需碎石或卵石的最少取样数量（单位：kg）   表4-5

试验项目	最大粒径（mm）							
	9.5	16.0	19.0	26.5	31.5	37.5	53	63
筛分	10	15	20	20	30	40	50	60
表观密度	8	8	8	8	12	16	20	24
含水率	2	2	2	2	3	3	4	4
吸水率	2	2	4	4	4	6	6	6
堆积密度	40	40	40	40	80	80	100	120
含泥量	8	8	24	24	40	40	60	80
泥块含量	8	8	24	24	40	40	60	80
针片状含量	1.2	4	8	8	20	40	—	—
硫化物、硫酸盐	1.0							

4.2.2 粗集料筛分试验(干筛法)

1）试验目的

测定粗集料在不同孔径上的筛余量,用于评定水泥混凝土用粗集料的颗粒级配。

2）主要仪器设备

(1) 鼓风烘箱:能控制温度在 105℃ ±5℃。

(2) 台秤或电子天平:感量不大于试样质量的 0.1%。

(3) 试验筛:根据需要选用规定的标准筛。

(4) 摇筛机。

(5) 搪瓷盘、毛刷等。

3）试样制备

按照规定的取样方法取样,并将试样缩分至略大于表 4-6 中规定的 2 倍数量,烘干或风干后平均分成两份备用。

筛分析试验所需试样数量　　　　　　　　　表4-6

最大粒径(mm)	4.75	9.5	16.0	19.0	26.5	31.5	37.5	63.0	75.0
最少试样质量	0.5	1	1	2	2.5	4	5	8	10

4）试验步骤

(1) 称取表中规定数量的试样一份,精确至总质量的 0.1%。将试样倒入按孔径大小从上到下组合的套筛(附筛底)上,然后进行筛分。

(2) 将套筛置于摇筛机上,摇 10min 后取下套筛,按照筛孔大小顺序再逐个用手筛,筛至每分钟通过量小于试样总量 0.1% 为止。通过的颗粒并入下一号筛中,并和下一号筛中的试样一起过筛,按此顺序进行,直至各号筛全部筛完为止。

(3) 如果某个筛上的集料过多,影响筛分作业时,可以分两次筛分。当筛余颗粒的粒径大于 19mm 时,筛分过程允许用手指轻轻拨动颗粒,但不得逐颗塞过筛孔。

(4) 称取每个筛上的筛余量,精确至总质量的 0.1%。各号筛分计筛余量及筛底存量的总和与筛分前试样的干燥总量 m_0 相比,相差不得超过 m_0 的 0.5%,否则重新试验。

5）计算及数据处理

(1) 计算分计筛余百分率。按式(4-1)计算,精确至 0.1%。

$$P_i = \frac{m_i}{m_0} \times 100\% \tag{4-1}$$

式中:P_i——某一号筛上的分计筛余百分率(%);

　　　m_i——某一号筛上的分计筛余量(g);

　　　m_0——试验前试样总质量(g)。

(2) 计算累计筛余百分率。按式(4-2)计算,精确至 0.1%。

$$A_i = P_1 + P_2 + \cdots + P_i \tag{4-2}$$

式中：A_i——某一号筛上的累计筛余百分率(%)；

$P_1,P_2,\cdots,P_i$——某一号筛及其以上号筛的分计筛余百分率(%)。

(3)以两次试验结果的平均值作为最终的测定值。根据各号筛的累计筛余百分率评定试样的颗粒级配，并绘制颗粒级配曲线图。

4.2.3 粗集料密度试验(网篮法)

1)试验目的

测定粗集料的表观相对密度、表干相对密度、毛体积相对密度及粗集料吸水率。

2)仪器设备

(1)鼓风烘箱：能控制温度在105℃±5℃。

(2)天平或浸水天平(静水密度天平)。

(3)吊篮：耐锈蚀材料制成，直径和高度为150mm左右，四周及底部用1~2mm的筛网编制或具有密集的孔眼。

(4)溢流水槽：在称量水中质量时能保持水面高度一定。

(5)标准筛：4.75mm方孔筛。

(6)盛水容器(如搪瓷盘)。

(7)其他：刷子、毛巾和温度计等。

3)试样制备

(1)按规定取样方法取样，风干后筛除小于4.75mm的颗粒，并将余下试样进行缩分。

(2)经缩分后供测定表观密度的粗集料质量应符合表4-7规定。

表观密度试验所需的试样最小质量　　　　　　表4-7

公称最大粒径(mm)	16	19	26.5	31.5	37.5	63	75
每一份试样最小质量(kg)	1	1	1.5	1.5	2	3	3

将每一份集料试样分别浸泡在水中，仔细洗去附在集料表面的尘土和石粉，经多次漂洗干净至水清澈为止。清洗过程中不得散失集料颗粒。

4)试验步骤

(1)取试样一份装入干净的搪瓷盘中，注入洁净的水，水面至少应高出试样2cm，轻轻搅动石料，使附着石料上的气泡逸出，在室温下浸水24h。

(2)将吊篮挂在天平的吊钩上，浸入溢流水槽中，向溢流水槽中注水，水面高度至水槽的溢流孔为止，将天平调零。

(3)调节水温在15~25℃的范围内。将试样移入吊篮中，流水槽中的水面高度由水槽的溢流孔控制，维持不变，称取集料的水中质量(m_w)。

(4)提起吊篮，稍稍滴水后，较粗的粗集料可以直接倒在拧干的湿毛巾上。应注意不得有颗粒丢失，或有小颗粒附在吊篮上。用拧干的湿毛巾轻轻擦干颗粒的表面水，至表面看不到发亮的水迹，即为饱和面干状态。当粗集料尺寸较大时，可逐颗擦干。整个过程中不得有集料丢失。

(5)立即在保持表干状态下,称取集料的表干质量(m_f)。

(6)将集料置于浅盘中,放入105℃±5℃的烘箱中烘干至恒量。取出浅盘,放在带盖的容器中冷却至室温,称取集料的烘干质量(m_a)。

注:恒量是指相邻两次称量间隔时间大于3h的情况下,其前后两次称量之差小于该项试验所要求的精密度,即0.1%。一般在烘箱中烘烤的时间不得少于4~6h。

(7)对同一规格的粗集料应平行试验两次,取平均值作为试验结果。

5)计算与结果处理

(1)表观相对密度按式(4-3)计算,精确至小数点后3位。

$$\rho_a = \frac{m_a}{m_a - m_w} \times \rho_t \tag{4-3}$$

式中:ρ_a——粗集料的表观密度(g/cm^3);

ρ_t——试验温度T时水的密度(g/cm^3);

m_a——粗集料的烘干质量(g);

m_w——粗集料的水中质量(g)。

(2)表干相对密度按式(4-4)计算,精确至小数点后3位。

$$\rho_s = \frac{m_f}{m_f - m_w} \times \rho_t \tag{4-4}$$

式中:ρ_s——粗集料的表干密度(g/cm^3);

ρ_t——试验温度T时水的密度(g/cm^3);

m_f——粗集料的表干质量(g);

m_w——粗集料的水中质量(g)。

(3)毛体积相对密度按式(4-5)计算,精确至小数点后3位。

$$\rho_b = \frac{m_a}{m_f - m_w} \times \rho_t \tag{4-5}$$

式中:ρ_b——粗集料的毛体积相对密度(g/cm^3);

ρ_t——试验温度T时水的密度(g/cm^3);

m_a——粗集料的烘干质量(g);

m_f——粗集料的表干质量(g);

m_w——粗集料的水中质量(g)。

(4)粗集料吸水率以烘干试样为基准,按式(4-6)计算,精确至0.01%。

$$w_x = \frac{m_f - m_a}{m_a} \times 100\% \tag{4-6}$$

式中:w_x——粗集料的吸水率(%);

m_a——粗集料的烘干质量(g);

m_f——粗集料的表干质量(g)。

(5) 以两次结果平均值作为最终测定值。表观相对密度、表干相对密度、毛体积相对密度,两次结果相差不得超过 0.02g/cm³,对吸水率不得超过 0.2%。

4.2.4 粗集料表观密度试验(广口瓶法)

广口瓶法不宜用于测定最大粒径大于 37.5mm 的碎石或卵石的表观密度。

1)试验目的

测定粗集料的表观密度,用于混凝土配合比设计。

2)仪器设备

(1)鼓风烘箱:能控制温度在 105℃±5℃。

(2)天平:称量 2kg,感量 1g。

(3)广口瓶:1000mL、磨口、带玻璃片。

(4)标准筛:4.75mm 方孔筛。

3)试样制备

(1)按规定取样方法取样,风干后筛除小于 4.75mm 的颗粒,并将余下试样进行缩分。

(2)经缩分后供测定表观密度的粗集料质量大约 700g。将每一份集料试样分别浸泡在水中,仔细洗去附在集料表面的尘土和石粉,经多次漂洗干净至水清澈为止。清洗过程中不得散失集料颗粒。

4)试验步骤

(1)将试验浸水饱和,然后装入广口瓶中。装试样时,广口瓶应倾斜放置,注入饮用水,用玻璃片覆盖瓶口。以上下左右摇晃的方法排除气泡。

(2)气泡排尽后,向瓶中添加饮用水,直至面凸出瓶口边缘。然后用玻璃片沿瓶口迅速滑行,使其紧贴瓶口水面。擦干瓶外水分后,称出试样、水、瓶和玻璃片总质量,精确至 1g。

(3)将瓶中试样倒入浅盘,放在烘箱中于 105℃±5℃ 的温度下烘干至恒重,待冷却至室温后,称出其质量,精确至 1g。

(4)将瓶洗净重新注入饮用水,用玻璃片紧贴瓶口水面,擦干瓶外水分后,称出水、瓶和玻璃片总质量,精确至 1g。

5)计算与结果处理

(1)表观密度按照式(4-7)计算,精确至 10kg/m³。

$$\rho_0 = \left(\frac{G_0}{G_0 + G_2 - G_1}\right) \times \rho_w \qquad (4\text{-}7)$$

式中:ρ_0——表观密度(kg/m³);

G_0——烘干后试样的质量(g);

G_1——试样、水、瓶和玻璃片的质量(g);

G_2——水、瓶和玻璃片的质量(g);

ρ_w——水的密度,水4℃时的密度为1000kg/m³。

(2)两次结果之差作为最终的测定值,如果两次结果之差大于20kg/m³,则重新试验。对于不均匀的试样,如果两次结果之差大于20kg/m³,可取四次试验结果平均值作为测定值。

不同水温下碎石和卵石表观密度的修正系数见表4-8。

不同水温下碎石和卵石表观密度的修正系数　　　　表4-8

水温(℃)	15	16	17	18	19	20
水的密度 ρ_t（g/cm³）	0.99913	0.99897	0.99880	0.99862	0.99843	0.99822
水的密度 ρ_t（g/cm³）	0.99802	0.99779	0.99756	0.99733	0.99702	

4.2.5 粗集料堆积密度试验

1）试验目的

测定粗集料的堆积密度,包括自然堆积密度和紧密堆积密度,用于混凝土配合比设计。

2）仪器设备

(1)天平或者台秤:称量10kg,感量不大于称量的0.1%。

(2)容量筒:适用于粗集料堆积密度测定的容量筒应符合表4-9的要求。

(3)垫棒:直径25mm、长600mm的圆钢。

(4)平头铁锹、直尺等。

容量筒的规格要求　　　　表4-9

粗集料公称最大粒径（mm）	容量筒容积（L）	容量筒规格（mm）			筒壁厚度（mm）
		内径	净高	底厚	
≤4.75	3	155±2	160±2	5.0	2.5
9.5~26.5	10	205±2	305±2	5.0	2.5
31.5~37.5	15	255±2	295±2	5.0	3.0
≥53	20	355±2	305±2	5.0	3.0

3）试样制备

按规定方法取样,烘干或者风干后,拌均匀并把试样分为大致相等的两份备用。

4）试验步骤

(1)松散堆积密度

取试样一份,用平头铁锹铲起试样,使石子自由落入容量筒内。此时,从铁锹的齐口至容量筒上口的距离应保持为50mm左右。

装满容量筒并除去凸出筒口表面的颗粒,并以合适的颗粒填入凹陷部分,使表面稍凸起部分和凹陷部分的体积大致相等,称取试样和容量筒共重(m_2),精确至10g。

(2)紧密堆积密度

取试样一份,分三层装入容量筒。装完一层后,在筒底垫放一根直径为25mm的圆钢筋,将筒按住并左右交替颠击地面各25下,然后装入第二层。第二层装满后,用同样方法颠实(但筒底所垫钢筋的方向应与第一层放置方向垂直),然后再装入第三层,用同样方法颠实。待三层试样装填完毕后,加料直到试样超出容量筒筒口,用钢筋沿筒口边缘滚转,刮下高出筒口的颗粒,用合适的颗粒填平凹处,使表面稍凸起部分和凹陷部分的体积大致相等,称取试样和容量筒共重(m_2),精确至10g。

(3)容量筒容积的标定

容量筒容积的校正应先称出容量筒和玻璃板重量m'_1,再以20℃±2℃的饮用水装满容量筒,用玻璃板沿筒口滑移,使其紧贴水面,擦干筒外壁水分后称重m'_2。用式(4-8)计算筒的容积(V)。

5)结果计算与评定

(1)容量筒的容积按式(4-8)计算。

$$V = m'_2 - m'_1 \tag{4-8}$$

式中:m'_1——容量筒和玻璃板质量(kg);

m'_2——容量筒、水和玻璃板的总质量(kg);

V——容量筒容积(L)。

(2)松散或紧密堆积密度按式(4-9)计算,精确至10kg/m³。

$$\rho = \frac{m_2 - m_1}{V} \tag{4-9}$$

式中:ρ——松散或紧密堆积密度(kg/m³);

m_1——容量筒质量(g);

m_2——容量筒和试样的总质量(g);

V——容量筒容积(L)。

(3)水泥混凝土用粗集料振实状态下空隙率按式(4-10)计算,精确至1%。

$$n_0 = \left(1 - \frac{\rho}{\rho_a}\right) \times 100\% \tag{4-10}$$

式中:n_0——空隙率(%);

ρ——粗集料紧密堆积密度(kg/m³);

ρ_a——粗集料表观密度(kg/m³)。

(4)堆积密度取两次试验结果平均值作为最终测定值,精确至10kg/m³。空隙率取两次试验结果的算术平均值,结果精确至1%。

4.2.6 粗集料含泥量和泥块含量试验

1)试验目的

测定碎石或卵石中小于0.075mm的尘屑、淤泥和黏土的总含量及4.75mm以上泥块颗粒含量。

2)仪器设备

(1)鼓风烘箱:能控制温度在105℃±5℃。

(2)天平或台秤:感量不大于称量的0.1%。

(3)容器:容积约10L的桶或者搪瓷盘。

(4)标准筛:测含泥量时用孔径为1.18mm、0.075mm的方孔筛各1只,测泥块含量时则用2.36mm及4.75mm的方孔筛各1只。

(5)浅盘、毛刷等。

3)试样制备

按规定取样方法取样,缩分至略大于表4-10所规定的量(注意防止细分流失),置于温度为105℃±5℃烘箱内烘干,冷却至室温后分成两份备用。

含泥量泥块含量试验所需试样的最小质量　　　　表4-10

公称最大粒径(mm)	4.75	9.5	16	19	26.5	31.5	37.5	63	75
试样最少质量(kg)	1.5	2	2	6	6	10	10	20	20

4)试验步骤

(1)含泥量试验步骤

①称取试样一份(m_0)装入容器中摊平,并注入饮用水,使水面高出石子表面150mm,浸泡24h,用手在水中淘洗颗粒,使尘屑、淤泥和黏土与较粗颗粒分离,并使之悬浮或溶解于水。缓缓地将浑浊液倒入1.18mm及0.075mm的套筛(1.18mm筛放置上面)上,滤去小于0.075mm的颗粒。试验前筛子的两面应先用水湿润。在整个试验过程中应注意避免大于0.075mm的颗粒丢失。

②再次加水于容器中,重复上述过程,直到洗出的水清澈为止。

③用水冲洗剩留在筛上的细粒,并将0.075mm筛放在水中(使水面略高出筛内颗粒)来回摇动,以充分洗除小于0.075mm的颗粒。然后,将两只筛上残留的颗粒和筒中已洗净的试样一并装入浅盘,置于温度为105℃±5℃的烘箱中烘干至恒重。取出冷却至室温后,称取试样的质量(m_1)。

(2)泥块含量试验步骤

①筛去4.75mm以下颗粒,称出试样质量(m_2)。

②将试样在容器中摊平,加入饮用水使水面高出试样表面,24h后把水放出,用手碾压泥块,然后把试样放在2.36mm筛上摇动淘洗,直至洗出的水清澈为止。

③将筛上的试样小心地从筛里取出,置于温度为105℃±5℃烘箱中烘干至恒重。取出冷却至室温后称重(m_3)。

5)计算与结果评定

(1)碎石或卵石的含泥量按式(4-11)计算,精确至0.1%。

$$Q_n = \frac{m_0 - m_1}{m_0} \times 100\% \tag{4-11}$$

式中:Q_n——碎石或卵石的含泥量(%);
m_0——试验前烘干试样质量(g);
m_1——试验后烘干试样质量(g)。

以两次试验结果的算术平均值作为最终测定值,两次结果差值超过 0.2% 时,重新试验。

(2)碎石或卵石的泥块含量按式(4-12)计算,精确至 0.1%。

$$Q_k = \frac{m_2 - m_3}{m_2} \times 100\% \qquad (4\text{-}12)$$

式中:Q_k——碎石或卵石的泥块含量(%);
m_2——试验前称取的 4.75mm 筛筛余试样质量(g);
m_3——试验后烘干试样质量(g)。

以两次试验结果的算术平均值作为最终测定值,两次结果差值超过 0.1% 时,重新试验。

4.2.7 粗集料针片状颗粒总含量试验(规准仪法)

1)试验目的

测定水泥混凝土用粗集料的针状颗粒和片状颗粒的总含量,以质量百分率计。

2)仪器设备

(1)水泥混凝土用粗集料针状规准仪(图 4-1)和片状规准仪(图 4-2),规准仪的尺寸应符合表 4-11 的要求。

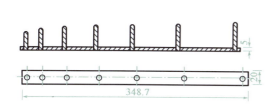

图 4-1 针状规准仪

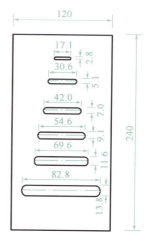

图 4-2 片状规准仪

水泥混凝土用粗集料针片状颗粒的粒级划分及其相应的规准仪孔宽或间距　　表 4-11

粒级(方孔筛)(mm)	4.75~9.5	9.5~16.0	16.0~19.0	19.0~26.5	26.5~31.5	31.5~37.5
针状规准仪上相对应立柱之间的间距宽(mm)	17.1	30.6	42.0	54.6	69.6	82.8
片状规准仪上相对应的孔宽(mm)	2.8	5.1	7.0	9.1	11.6	13.8

(2)天平或者台秤:感量不大于称量的0.1%。

(3)标准筛:孔径分别是4.75mm、9.5mm、16.0mm、19.0mm、26.5mm、31.5mm、37.5mm,试验时根据需要选用。

3)试样制备

将按照规定方法取回的试样风干至表面干燥,并按照四分法或者分料器缩分至表4-12规定的质量,称量(m_0),然后筛分成表4-12所规定的粒级备用。

针片状颗粒试验所需的试样最小质量　　　　表4-12

公称最大粒径(mm)	9.5	16.0	19.0	26.5	31.5	37.5
试样最小质量(kg)	0.3	1	2	3	5	10

4)试验步骤

(1)目测挑出接近立方体形状的规则颗粒,将目测有可能属于针片状颗粒的集料按表4-12所规定的粒级用规准仪逐粒对试样进行鉴定,凡颗粒长度大于针状规准仪上相对应间距者,为针状颗粒,厚度小于片状规准仪上相应孔宽者,为片状颗粒。

(2)称量由各粒级挑出的针状颗粒和片状颗粒的质量,其总质量为m_1。

5)计算及结果评定

(1)碎石或卵石针片状颗粒总含量按式(4-13)计算,精确至0.1%。

$$Q_e = \frac{m_1}{m_0} \times 100\% \tag{4-13}$$

式中:Q_e——碎石或卵石的含泥量(%);

m_0——试样总质量(g);

m_1——试样中所含针状颗粒与片状颗粒的总质量(g)。

(2)试验要平行测定两次,计算两次结果的平均值。如果两次结果之差大于或等于平均值的20%,应追加一次,取三次结果的平均值作为测定值。

(3)试验报告应报告集料的种类、产地、岩石名称、用途。

4.2.8 粗集料压碎值试验

1)试验目的

集料压碎值用于衡量石料在逐渐增加的荷载作用下抵抗压碎的能力,是衡量石料力学性质的指标,以评定其在工程中的适应性。

2)仪器设备

(1)石料压碎值试验仪:由内径150mm、两端开口的钢制圆形试筒、压柱和底板组成,如图4-3所示。

(2)压力试验机:500kN,应能在10min内达到400kN。

图4-3　石料压碎值试验仪

(3)天平:称量2~3kg,感量不大于1g。

(4) 标准筛:筛孔尺寸 19mm、9.5mm、2.36mm 的号筛各一只。

(5) 垫棒:直径 10mm、长 500mm 圆钢。

(6) 搪瓷盘、毛刷等。

3) 试样制备

按规定方法取样,风干后筛除大于 19mm 及小于 9.5mm 的颗粒,并除去针、片状颗粒,将余下的分为大致相等的三份备用。

4) 试验步骤

(1) 称取试样 3000g,精确至 1g。将试样分两层装入筒内(圆筒置于底盘上)。每装完一层试样后,在底盘下面垫放一直径为 10mm 的圆钢筋,将筒按住,左右交替颠击地面各 25 下。第二层颠实后,试样表面距盘底的高度应控制为 100mm 左右。

(2) 整平筒内试样表面,把加压头装好(注意应使加压头保持平正),放到试验机上,以 1kN/s 的速度,在 160~300s 内均匀地加荷到 200kN,稳定 5s,然后卸荷,取出测定筒。倒出筒中的试样并称其重量(m_0),用孔径为 2.36mm 的标准筛筛除被压碎的细粒,称量剩留在筛上的试样重量(m_1),精确至 1g。

5) 结果计算与评定

压碎值按式(4-14)计算,精确至 0.1%。

$$Q_b = \frac{m_1 - m_2}{m_1} \times 100\% \qquad (4\text{-}14)$$

式中:Q_b——压碎值指标(%);

m_1——试样的质量(g);

m_2——压碎试验后筛余的试样质量(g)。

压碎值取 3 次试验结果的算术平均值,精确至 1%。

单元 5　混凝土配合比设计及施工控制

5.1 混凝土的基本性能及质量标准

5.1.1 混凝土的组成材料

1）水泥

水泥是混凝土中很重要的组分,本节仅讨论如何选用。对于水泥的合理选用包括以下两个方面。

(1) 水泥品种的选择

配制混凝土时,应根据混凝土工程性质、部位、施工条件、环境状况等,按各品种水泥的特性作出合理的选择。如大坝工程,宜用中热硅酸盐水泥或低热矿渣硅酸盐水泥。

(2) 水泥强度等级的选择

水泥强度等级的选择,应与混凝土设计强度等级相适应。若用低强度等级的水泥配制高强度等级混凝土,不仅会使水泥用量过多,还会对混凝土产生不利影响。反之,用高强度等级的水泥配制低强度等级混凝土,若只考虑强度要求,会使水泥用量偏少,从而影响耐久性能;若水泥用量兼顾了耐久性等要求,又会导致超强而不经济。因此,根据经验一般以选择的水泥强度等级标准值为混凝土强度等级标准值的 1.5～2.0 倍为宜。

2）骨料

骨料(也称集料)总体积占混凝土体积的 60%～80%,按粒径大小分为粗骨料和细骨料。

(1) 骨料的技术性质

骨料的各项性能指标将直接影响到混凝土的施工性能和使用性能。骨料的主要技术性质包括:颗粒级配及粗细程度、颗粒形态和表面特征、强度、坚固性、含泥量、泥块含量、有害物质及碱集料反应等。

(2) 细骨料

粒径 4.75mm 以下的骨料称为细骨料,俗称砂。砂按产源分为天然砂、人工砂两类。天然砂是由自然风化、水流搬运和分选、堆积形成的、粒径小于 4.75mm 的岩石颗粒,但不包括软质岩、风化岩石的颗粒。天然砂包括河砂、湖砂、山砂和淡化海砂。人工砂是经除土处理的机制砂、混合砂的统称。国家标准《建筑用砂》(GB/T 14684—2001)规定了建筑用砂的技术要求。

(3) 粗骨料

粒径大于 4.75mm 的骨料称为粗骨料,俗称石。常用的有碎石及卵石两种。碎石是天然岩石或岩石经机械破碎、筛分制成的、粒径大于 4.75mm 的岩石颗粒。卵石是由自然风化、水流搬运和分选、堆积而成的、粒径大于 4.75mm 的岩石颗粒。卵石和碎石颗粒的长度大于该颗粒所属相应粒级的平均粒径2.4倍者为针状颗粒；厚度小于平均粒径0.4倍者为片状颗粒(平均粒径指该粒级上、下限粒径的平均值)。建筑用卵石、碎石应满足国家标准《建筑用卵石、碎石》(GB/T 14685—2001)的技术要求。

3) 混凝土用水

混凝土拌制和养护用水不得含有影响水泥正常凝结硬化的有害物质。凡是能引用的自来水及清洁的天然水都能用来拌制和养护混凝土。污水、pH值小于4的酸性水、含硫酸盐(按SO_2计)超过1%的水均不能使用。当对水质有疑问时，可将该水与洁净水分别配制混凝土，做强度对比实验，如强度不低于用洁净水拌制的混凝土，则此水可以用。一般情况下不得用海水拌制混凝土，因海水中含有的硫酸盐、镁盐和氯化物会侵蚀水泥石和钢筋。

4) 外加剂

在混凝土拌和物中掺入量一般大于水泥质量5%、能改善混凝土拌和物或硬化后混凝土性质的材料，称为外加剂。

根据国家标准《混凝土外加剂中释放氨的限量》(GB 18588—2001)的规定，混凝土外加剂中释放的氨量必须小于或等于0.10%(质量分数)。该标准适用于各类具有室内使用功能的混凝土外加剂，而不适用于桥梁、公路及其他室外工程用混凝土外加剂。

常用外加剂有如下几种：

(1) 普通减水剂

在保持混凝土稠度不变的条件下，具有一般减水增强作用的外加剂。

(2) 高效减水剂

在保持混凝土稠度不变的条件下，具有大幅度减水增强作用的外加剂。

(3) 引气剂

在混凝土搅拌过程中，能引入大量分布均匀的微小气泡，以减少混凝土拌和物泌水离析、改善和易性，并能显著提高硬化混凝土抗冻融耐久性的外加剂。

(4) 引气减水剂

兼有引气和减水作用的外加剂。

(5) 缓凝剂

能延缓混凝土凝结时间，并对其后期强度发展无不利影响的外加剂。

(6) 缓凝减水剂

兼有缓凝和减水作用的外加剂。

(7) 早强剂

能提高混凝土早期强度，并对其后期强度无显著影响的外加剂。

(8) 早强减水剂

兼有早强和减水作用的外加剂。

(9) 防冻剂

在规定温度下,能显著降低混凝土的冰点,使混凝土液相不冻结或仅部分冻结,以保证水泥的水化作用,并在一定的时间内获得预期强度的外加剂。

(10)膨胀剂

能使混凝土(砂浆)在水化过程中产生一定的体积膨胀,并在有约束条件下产生适宜自应力的外加剂。

(11)钢筋阻锈剂

加入混凝土中能阻止或减缓钢筋腐蚀的外加剂。

5)掺和料

混凝土还可根据各种需要掺入有关掺和料,如粉煤灰、超细矿渣粉、硅粉及沸石粉等。合理使用掺和料不仅可以利用工业废弃物,节省水泥,还可以改善混凝土的性能。掺和料已成为有发展前途的混凝土的一种组分。

(1)粉煤灰

从煤粉炉烟道气体中收集的粉末称为粉煤灰。在混凝土中掺入一定量粉煤灰后,除了粉煤灰本身的火山灰活性作用,生成硅酸钙凝胶,作为胶凝材料一部分起增强作用外,在混凝土的用水量不变的情况下,可以起到显著改善混凝土拌和物和易性的效应,增加流动性和黏聚性,还可降低水化热。若保持混凝土拌和物原有的和易性不变,则可减少用水量,起到减水的效果,从而提高混凝土的密实度和强度,增强耐久性。

(2)硅粉

硅粉也称硅灰。在冶炼铁合金或工业硅时,由烟道排出的硅蒸气经收尘装置收集而得的粉尘称为硅粉。它是由非常细的玻璃质颗粒组成,其中 SiO_2 含量高,其比表面积约为 $2000m^2/kg$。掺入少量硅粉,可使混凝土致密、耐磨,增强其耐久性。

(3)沸石粉

沸石粉是天然的沸石岩磨细而成的一种火山灰质铝硅酸矿物掺和料。含有一定量活性二氧化硅和三氧化铝,能与水泥生成的氢氧化钙反应,生成胶凝物质。沸石粉用作混凝土掺和料可改善混凝土和易性,提高混凝土强度、抗渗性和抗冻性,抑制碱骨料反应。主要用于配制高强混凝土、流态混凝土及泵送混凝土。

沸石粉具有很大的内表面积和开放性孔结构,还可用于配制湿混凝土等功能混凝土。

(4)粒化高炉矿渣粉

简称矿渣粉,是指符合《用于水泥中的粒化高炉渣》(GB/T 203—2008)标准规定的粒化高炉矿渣经干燥、粉磨(或添加少量石膏一起粉磨)达到相当细度且符合相应活性指数的粉体。矿渣粉磨时允许加入助磨剂,加入量不得大于矿渣粉质量的1%。

5.1.2 混凝土拌和物的性能

混凝土拌和物的性能包括和易性、凝结时间、塑性收缩和塑性沉降等。国家标准《普通混凝土拌合物性能试验方法标准》(GB/T 50080—2002)规定,其试验为稠度试验、凝结时间试验、泌水与压力泌水试验、表观密度试验、含气量试验和配合比分析试验。

1）和易性的含义与测定

（1）和易性

混凝土拌和物的和易性又称工作性，它是一项综合的技术性质，包括流动性、黏聚性和保水性等三方面的含义。

由于混凝土和易性内涵较复杂，因而目前尚没有能够全面反映混凝土拌和物和易性的测定方法和指标。通常是以稠度试验来评定和易性。稠度实验包括坍落度与坍落扩展度法以及维勃稠度法。

（2）流动性

指混凝土拌和物在自重力或机械振动力作用下易于产生流动、易于输送和易于充满混凝土模板的性质。

（3）黏聚性

混凝土拌和物在施工过程中保持整体均匀一致的能力。黏聚性好可保证混凝土拌和物在输送、浇灌、成型等过程中，不发生分层、离析，即保证硬化后混凝土内部结构均匀。

（4）保水性

混凝土拌和物在施工过程中保持水分的能力。保水性好可保证混凝土拌和物在输送、成型及凝结过程中，不发生大的或严重的泌水，既可避免由于泌水产生的大量的连通毛细孔隙，又可避免由于泌水，使水在粗骨料和钢筋下部聚积所造成的界面黏结缺陷。保水性对混凝土的强度和耐久性有较大的影响。

2）混凝土和易性的影响因素

和易性的影响因素有水泥浆量、水灰比、砂率、骨料的品种、规格和质量、外加剂、温度和时间及其他影响因素。

（1）水泥浆量

水泥浆量是指混凝土中水泥及水的总量。混凝土拌和物中的水泥浆，赋予混凝土拌和物以一定的流动性。在水灰比不变的情况下，如果水泥浆越多，则拌和物的流动性越大。但若水泥浆过多，会使拌和物的黏聚性变差。

（2）水灰比

拌制水泥浆、砂浆和混凝土混合料时，水与水泥的质量比称为水灰比（W/C）。水灰比的倒数称为灰水比。在水泥用量不变的情况下，水灰比越小，水泥浆就越稠，混凝土拌和物的流动性便越小。水灰比过大，又会造成混凝土拌和物的黏聚性和保水性不良，而产生流浆、离析现象，并严重影响混凝土的强度。

（3）砂率

砂率是指砂用量与砂、石总用量的质量百分比，它表示混凝土中砂、石的组合或配合程度。砂影响混凝土拌和物流动性有两个方面：一方面是砂形成的砂浆可减少粗骨料之间的摩擦力，在拌和物中起润滑作用,所以在一定的砂率范围内随砂率增大,润滑作用愈加显著,流动性可以提高;另一方面在砂率增大的同时,骨料的总表面积随之增大,包裹集料的水泥浆层变薄,拌和物流动性降低。另外,砂率不宜过小,否则还会使拌和物黏聚性和保水性变差,产生离析、流浆等现象。砂率对混凝土拌和物的和易性有重要影响。

3)混凝土凝结时间测定

从混凝土拌和物中筛出砂浆,用贯入阻力法来测定坍落度值不为零的混凝土拌和物凝结时间。贯入阻力达到 3.5MPa 和 28.0MPa 的时间分别为混凝土拌和物的初凝和终凝时间。

水泥的水化是混凝土产生凝结的主要原因,但是,混凝土的凝结时间与所用水泥的凝结时间并不一致。因为水灰比的大小会明显影响水泥的凝结时间,水灰比越大,凝结时间越长,一般混凝土的水灰比与测定水泥凝结时间的水灰比是不同的,凝结时间便有所不同。而且混凝土的凝结时间还受温度、外加剂等其他各种因素的影响。

5.1.3 混凝土龄期抗压强度及影响因素

1)立方体抗压强度

国家标准《普通混凝土力学性能试验方法标准》(GB/T 50081—2002)规定,将混凝土拌和物制作成边长为 150mm 的立方体试件,在标准条件(温度 20℃ ±2℃,相对湿度 95% 以上)下,养护到 28d 龄期,测得的抗压强度值为混凝土立方体试件抗压强度(简称立方体抗压强度),以 f_{cu} 表示。

2)混凝土强度等级

按照国家标准《混凝土结构设计规范》(GB 50010—2002),混凝土强度等级应按立方体抗压强度标准值确定。立方体抗压强度标准值系指按标准方法制作和养护的边长为 150mm 的立方体试件,在 28d 龄期用标准试验方法测得的具有 95% 保证率的抗压强度,以 $f_{cu,k}$ 表示。普通混凝土划分为十四个强度等级:C15、C20、C25、C30、C35、C40、C45、C50、C55、C60、C65、C70、C75 和 C80。混凝土强度等级是混凝土结构设计、施工质量控制和工程验收的重要依据。不同的建筑工程及建筑部位需采用不同强度等级的混凝土,一般有一定的选用范围。

3)混凝土的轴心抗压强度和轴心抗拉强度

混凝土的轴心抗压强度的测定采用 150mm × 150mm × 300mm 棱柱体作为标准试件。轴心抗压强度设计值以 f_c 表示,轴心抗压强度标准值以 f_{ck} 表示。

混凝土轴心抗拉强度 f_t 可按劈裂抗拉强度 f_{ts} 换算得到,换算系数可由试验确定。混凝土劈裂抗拉强度采用立方体劈裂抗拉试验来测定,称为劈裂抗拉强度 f_{ts}。

4)混凝土的弯拉强度

混凝土的弯曲抗拉强度试验采用 150mm × 150mm × 550mm 的梁形试件,按三分点加荷方式加载。由于混凝土是一种非线性材料,因此,混凝土的弯曲抗拉强度大于轴心抗拉强度。

5)影响混凝土强度的因素

混凝土的强度是指混凝土试件达到破坏极限的应力最大值。混凝土所受应力超过其强度时,混凝土将产生裂缝而破坏。混凝土的破坏过程可分为四个阶段。

影响混凝土强度的因素很多。可从原材料因素、生产工艺因素及实验因素三方面讨论。

5.1.4 混凝土耐久性的概念、种类及影响因素

1)混凝土耐久性的概念

混凝土的耐久性是混凝土在使用环境下抵抗各种物理和化学作用破坏的能力。混凝土的耐久性直接影响结构物的安全性和使用性能。耐久性包括抗渗性、抗冻性、化学侵蚀和碱—集料反应等。

(1)抗渗性

抗渗性是指混凝土抵抗水、油等液体在压力作用下渗透的性能。抗渗性对混凝土的耐久性起重要作用,因为抗渗性控制着水分渗入的速率,这些水可能含有侵蚀性的化合物,同时控制混凝土受热或受冻时水的移动。

(2)抗冻性

混凝土的抗冻性是指混凝土在饱水状态下,经受多次冻融循环作用,能保持强度和外观完整性的能力。在寒冷地区,尤其是在接触水又受冻的环境下的混凝土,要求具有较高的抗冻性能。

(3)化学侵蚀

混凝土暴露在有化学物的环境和介质中,有可能遭受化学侵蚀而破坏。一般的化学侵蚀有水泥浆体组分的浸出、硫酸盐侵蚀、氯化物侵蚀、碳化等。

(4)碱—集料反应

某些含活性组分的骨料与水泥水化析出的 KOH 和 NaOH 相互作用,对混凝土有破坏作用。碱集料反应有三种类型:碱—氧化硅反应、碱—碳酸盐反应和碱—硅酸盐反应。

2)提高混凝土耐久性的措施

提高混凝土耐久性的措施,主要包括以下几个方面:选用适当品种的水泥及掺和料;适当控制混凝土的水灰比及水泥用量;长期处于潮湿和严寒环境中的混凝土,应掺用引气剂;选用较好的砂、石集料;掺用加气剂或减水剂;改善混凝土的施工操作方法。

5.2 混凝土试验

5.2.1 混凝土配合比设计

1)试验目的、原理与方法

试验目的:进行普通混凝土配合比设计和试配。

试验原理:根据相关国家、行业标准进行试配。

试验方法:普通混凝土的配合比应根据原材料性能及对混凝土的技术要求进行计算,并经实验室试配、调整后确定。

2)原材料

(1)水泥

P.O.42.5,实测强度_____;密度_____。

(2)砂

河砂,中砂,细度模数_____;表观密度_____;堆积密度_____。

(3)碎石

规格_____表观密度_____;堆积密度_____。

(4)减水剂

高效减水剂,减水率:20%。

3)混凝土性能要求暨设计题目

(1)普通混凝土

强度等级:C20、C25、C30、C35、C40、C45、C50 任选。

坍落度:35~90mm 之间选定。

(2)大坍落度(泵送)混凝土

强度等级:C30、C35、C40、C45、C50 任选。

坍落度:100~140mm 之间选定。

4)相关行业标准

本试验执行《普通混凝土配合比设计规程》(JGJ 55—2000)。

3.0.1 混凝土配制强度应按下式计算:

$$f_{cu,0} \geq f_{cu,k} + 1.645\sigma$$

式中:$f_{cu,0}$——混凝土配制强度(MPa);

$f_{cu,k}$——混凝土立方体抗压强度标准值(MPa);

σ——混凝土强度标准差(MPa)。

5.0.2 混凝土配合比应按下列步骤进行计算:

1 计算配制强度 $f_{cu,0}$ 并求出相应的水灰比。

2 选取每立方米混凝土的用水量,并计算出每立方米混凝土的水泥用量。

3 选取砂率,计算粗骨料和细骨料的用量,并提出供试配用的计算配合比。

6.1.4 混凝土强度试验时至少应采用三个不同的配合比。当采用三个不同的配合比时,其中一个应为本规程第6.1.3条确定的基准配合比,另外两个配合比的水灰比,宜较基准配合比分别增加和减少0.05;用水量应与基准配合比相同,砂率可分别增加和减少1%。

当不同水灰比的混凝土拌和物坍落度与要求值的差超过允许偏差时,可通过增、减用水量进行调整。

6.1.5 制作混凝土强度试验试件时,应检验混凝土拌和物的坍落度或维勃稠度、黏聚性、保水性及拌和物的表观密度,并以此结果作为代表相应配合比的混凝土拌和物的性能。

7.4 泵送混凝土

7.4.1 泵送混凝土所采用的原材料应符合下列规定:

1 泵送混凝土应选用硅酸盐水泥、普通硅酸盐水泥、矿渣硅酸盐水泥和粉煤灰硅酸盐水泥,不宜采用火山灰质硅酸盐水泥。

2 粗骨料宜采用连续级配,其针片状颗粒含量不宜大于10%;粗骨料的最大粒径与输送管道之比宜符合表7.4.1的规定。(表略)

3 泵送混凝土宜采用中砂,其通过0.315mm筛孔的颗粒含量不应少于15%。

4 泵送混凝土应掺用泵送剂或减水剂,并宜掺用粉煤灰或其他活性矿物掺和料,其质量应符合国家现行有关标准的规定。

5) 试验要求

(1) 每组任选题目及相关性能要求设计配合比一组,提供配合比设计过程;

(2) 现场配制混凝土15L,按计算配合比计算出15L混凝土水泥、水、砂、石及减水剂(如掺用)的用量;

(3) 记录坍落度、调整过程(满足坍落度要求);

(4) 混凝土满足坍落度要求后,成型150×150×150mm三联模3组,分别测定3d、28d混凝土抗压强度;28d混凝土劈拉强度;

(5) 组长安排好3d、28d龄期试验时间及人员安排。

5.2.2 混凝土拌和物的和易性检验——坍落度法

1) 试验目的、原理与方法

试验目的:通过坍落度测定,确定试验室配合比,检验混凝土拌和物和易性是否满足施工要求,并制成标准试件,以便进一步确定混凝土的强度。

试验原理:通过测定混凝土拌和物在自重作用下坍落度及外观现象(泌水、离析),评定混凝土和易性(流动性、保水性、黏聚性)是否满足施工要求。

试验方法:坍落度法。

2) 试验相关国家标准

本试验执行《普通混凝土拌和物性能试验方法标准》(GB/T 50080—2002)。

本方法适用于骨料最大粒径不大于40mm、坍落度不小于10mm的混凝土拌和物稠度测定。

3) 试验步骤要点及注意事项

(1) 湿润坍落度筒及各种拌和用具,并把坍落筒放在拌和用平板上。

(2) 按要求取得试样后,分三层均匀装入筒内,捣实后每层高约为筒高的1/3,每层用捣棒插捣25次,在整个截面上由外向中心均匀插捣,捣棒应插透本层,并与下层接触。

(3) 顶层插捣完毕,刮去多余混凝土后抹平。

(4) 清除筒周边混凝土,垂直平稳提起坍落度筒,提离过程应在5~10s内完成。从开始装料到提起坍落度筒的整个过程,应不间断进行,在150s内完成。

(5) 提出坍落筒后,立即量测筒高与坍落后混凝土试体最高点之间的高度差,即为该拌和物的坍落度。

注：装料时,应使坍落度筒固定在拌和平板上,保持位置不动;坍落度筒提升时避免左右摇摆;在试验过程中密切观察混凝土的外观状态。

4）数据处理及结果评定

坍落前后的高度差即为坍落度,精确至5mm。

据坍落度的大小判定是要满足施工要求的流动性,据在测试过程观察到的混凝土状态,评定黏聚性和保水性是否良好。当坍落度筒提离后,如混凝土发生崩坍或一边剪坏现象,则应重新取样另行测定。如第二次试验仍出现上述现象,则表示该混凝土拌和物和易性不好,应予记录备查。观察坍落后的混凝土试体的流动性,黏聚性和保水性。

（1）流动性

以坍落度的大小判定(具体标准为施工确定)。

（2）黏聚性

用捣棒在已坍落的混凝土锥体侧面轻轻敲打,此时如果锥体逐渐下沉,则表示黏聚性良好,如果锥体倒塌、部分崩裂或出现离析现象,则表示黏聚性不好。

（3）保水性

以混凝土拌和物中稀浆析出的程度来评定。坍落度筒提起后如有较多的稀浆从底部析出,锥体部分的混凝土也因失浆而骨料外露,则表明此混凝土拌和物的保水性能不好。如坍落度筒提起后无稀浆或仅有少量稀浆自底部析出,则表示此混凝土拌和物保水性良好。

注：混凝土拌和物坍落度以 mm 为单位,结果精确至5mm。

5）试验记录

试验记录见表5-1。

表5-1

混凝土用途_____ 设计坍落度_____ 实验室温度_____
试验室相对湿度_____ 试验者_____ 计算者_____
校核者_____ 试验日期_____

水泥品种强度等级			外加剂名称			
碎石名称、产地			矿产地			
掺和料名称、产地						
水泥混凝土配合比	水泥(kg)	砂(kg)	碎石(kg)		水(kg)	外加剂	掺和料
坍落度(cm)	1		2			平均	

5.2.3 混凝土拌和物湿表观密度检验

1) 试验目的、原理与方法

试验目的:测定混凝土拌和物捣实后的单位体积质量,以提供核实混凝土配合比计算中的材料用量之用。

试验原理:根据相关国家、行业标准。

试验方法:根据相关国家、行业标准。

2) 相关国家标准

本试验依据执行《普通混凝土拌和物性能试验方法标准》(GB/T 50080—2002)。

本方法适用于测定混凝土拌和物捣实后的单位体积质量(即表观密度)。

混凝土拌和物表观密度试验报告应包括以下内容:

① 容量筒质量和容积;
② 容量筒和混凝土试样重质量;
③ 混凝土拌和物的表观密度。

3) 试验步骤和要点

(1) 用湿布把容量筒内外擦干净,称出质量(W_1),精确至50g。

(2) 混凝土的装粒及捣实方法应视拌和物的稠度而定。一般来说,为使所测混凝土密实状态更接近于实际状况,对于坍落度不大于70mm 的混凝土,宜用振动台振实,大于70mm 的混凝土由捣棒捣实。采用振动台振实时,应一次将混凝土拌和物灌满到稍高出容量筒口。装料时允许用捣棒稍加插捣,振捣过程中如混凝土高度沉落到低于筒口,则应随时添加混凝土。振动直至表面出浆为止。

(3) 用刮尺齐筒口将多余的混凝土拌和物刮去,表面如有凹陷应予填平。将容量筒外壁擦净,称出混凝土与容量筒总重(W_2),精确至50g。

注: 容量筒容积应经常予以校正;混凝土拌和物湿表观密度也可以利用制备混凝土抗压强度试件时进行,称量试模及试模与混凝土拌和物总质量(精确至0.1kg),试模容积,以一组三个试件表观密度的平均值作为混凝土拌和物表观密度。

4) 数据处理及结果评定

混凝土拌和物湿表观密度按式(5-1)计算。

$$\rho_b = \frac{W_2 - W_1}{V} \times 100\% \tag{5-1}$$

式中:W_1——容量筒质量(kg);

W_2——容量筒及试样总重(kg);

V——容量筒容积(L)。

试验结果的计算精确至 $10kg/m^3$。

5)试验记录

试验记录见表 5-2。

表 5-2

混凝土用途_____ 设计稠度_____ 实验室温度_____
实验室相对湿度_____ 试验者_____ 计算者_____
校核者_____ 试验日期_____

水泥品种强度等级				外加剂名称			
碎石名称、产地				矿产地			
掺和料名称、产地							
水泥混凝土配合比	水泥(kg)		砂(kg)	碎石(kg)		水(kg)	外加剂	掺和料(kg)
筒容积(L)	筒、玻璃板质量(kg)		筒、玻璃板、水质量(kg)		水质量(kg)		
	1	2	1	2	1	2	
筒、玻璃板、水质量(kg)			混凝土质量(kg)		毛体积密度(kg/m³)		
1	2		1	2	1	2	平均

5.2.4 混凝土力学性能试验和试验总结

试验要求:按照国家标准规范测定混凝土力学性能,确保工程质量,提高试验精度,提高试验结果的准确性、复演性和代表性。

1)试验目的、原理与方法

试验目的:通过测定混凝土立方体的抗压强度,以检验材料质量,确定、校核混凝土配合比,确定混凝土强度等级,并为控制施工质量提供依据。制作提供各种性能试验用的混凝土试件。

试验原理:根据相关国家、行业标准。

试验方法:将和易性符合施工要求的混凝土拌和物按规定成型,制成标准的立方体试件,经 28d 标准养护后,测其抗压破坏荷载,计算其抗压强度。

2)试验相关国家标准

本试验执行《普通混凝土力学性能试验方法标准》(GB/T 50081—2002)。
本方法适用于测定混凝土立方体试件的抗压强度。混凝土试件的尺寸应符合本标准的有关规定。
试验采用的试验设备应符合下列规定:
(1)混凝土立方体抗压强度试验所采用压力试验机应符合本标准第4.3节的规定。
(2)混凝土强度等级≥C60时,试件周围应设防崩裂网罩。当压力试验机上下压板不符合本标准第4.6.2条规定时,压力试验机上下压板与试件之间应各垫以符合本标准第4.6节要求的钢垫板。

3) 试验步骤要点及注意事项

（1）试件成型

①在制作试件前，检查试模，拧紧螺栓并清刷干净。在其内壁涂上一薄层矿物油脂。

②室内混凝土拌和应按规范要求进行拌和。

③振捣成型，采用振动台成型时，应将混凝土拌和物一次装入试模，装料时应用抹刀沿试模内壁略加插捣，并使混凝土拌和物高出试模上口。振动时应防止试模在振动台上自由跳动。振动应持续到混凝土表面出浆为止，刮除多余的混凝土，并用抹刀抹平。

④试件成型后，在混凝土初凝前 1~2h 需进行抹面，要求沿模口抹平，进行编号。

（2）混凝土立方体抗压强度测定

①试件从养护地点取出后，应尽快进行试验，以免试件内部的温度发生显著变化。

②先将试件擦拭干净，测量尺寸，并检查外观。试件尺寸测量精确至 1mm，并据此计算试件的承压面积。如实测尺寸与公称尺寸之差不超过 1mm，可按公称尺寸进行计算。

③将试件安放在试验机的下压板上，试件的承压面应与成型时的顶面垂直。试件的中心应与试验机下压板中心对准。开动试验机，当上板与试件接近时，调整球座，使接触均衡。

混凝土试件的试验应连续而均匀地加荷，混凝土强度等级低于 C30 时，其加荷速度为 0.3~0.5MPa/s；若混凝土强度等级高于或等于 C30 时，则为 0.5~0.8MPa/s。当试件接近破坏而开始迅速变形时，停止调整试验机油门，直到试件破坏，然后记录破坏荷载。

注：①混凝土物理力学性能试验一般以 3 个试件为 1 组。每一组试件所用的拌和物应从同盘或同一车运送的混凝土中取出，或在试验室用机械或人工单独拌制用以检验现浇混凝土工程或预制构件质量的试件分组及取样原则，应按现行《混凝土结构工程施工质量验收规范》（GB 50204—2002）及有关规定执行。②所有试件应在取样后立即制作。确定混凝土设计特征值、强度等级或进行材料性能研究时，试件的成型方法应视混凝土设备条件、现场施工方法和混凝土的稠度而定。坍落度不大于 70mm 的混凝土，宜用振动台振实；坍落度大于 70mm 的宜用捣棒人工捣实。检验工程和构件质量的混凝土试件成型方法应尽可能与实际施工采用的方法相同。③混凝土骨料的最大粒径应不大于试件最小边长的 1/3。

4) 数据处理及结果评定

（1）混凝土立方体试件抗压强度按式(5-2)计算，精确至 0.1MPa。

$$f_{cc} = \frac{P}{A} \tag{5-2}$$

式中：f_{cc}——混凝土立方体试件抗压强度（MPa）；

P——抗压破坏荷载（N）；

A——试件承压面积（mm^2）。

（2）以 3 个试件测值的算术平均值作为该组试件的抗压强度值。

3个测值中的最大值或最小值中如有1个与中间值的差值超过中间值的15%时,则把最大及最小值舍去,取中间值作为该组试件的抗压强度值。如有2个测值与中间值的差均超过中间值的15%,则该组试件的试验结果无效。

(3)取150mm×150mm×150mm试件的抗压强度为标准值,用其他尺寸试件测得的强度值均应乘以尺寸换算系数,其值对于200mm×200mm×200mm试件为1.05,对于100mm×100mm×100mm试件为0.95。

5)试验记录

试验记录见表5-3。

表5-3

使用部位_____　强度等级_____　试验者_____
计算者_____　校核者_____　试验日期_____

试件龄期(d)	试件编号	试件质量(kg)	破坏荷载(N)	受压面积(mm²)	抗压强度(MPa)
	1				
	2				
	3				
	4				
	5				
	6				

单元 6　建筑砂浆配合比设计及施工控制

6.1　建筑砂浆的技术标准

6.1.1　术语和定义

1）砂浆

由胶结料、细集料、掺加料和水配制而成的建筑工程材料,在建筑工程中起黏结、衬垫和传递应力的作用。

2）水泥砂浆

由水泥、细集料和水配制成的砂浆。

3）水泥混合砂浆

由水泥、细集料、掺加料和水配制成的砂浆。

4）掺加料

为改善砂浆和易性而加入的无机材料,如石灰膏、电石膏、粉煤灰、黏土膏等。

5）外加剂

在拌制砂浆过程中掺入,用以改善砂浆性能的物质。

6.1.2　材料要求

1）水泥

（1）砌筑砂浆用水泥的强度等级应根据设计要求进行选择。

（2）水泥砂浆采用的水泥,其强度等级不宜大于 32.5 级;水泥混合砂浆采用的水泥,其强度等级不宜大于 42.5 级。

2）砂

砌筑砂浆宜选用中砂。砂的含泥量不应超过 5%,强度等级为 M2.5 的水泥混合砂浆,砂的含泥量可放宽至 10%。

3）掺加料

（1）生石灰熟化成石灰膏时,应用孔径不大于 3mm×3mm 网过滤,熟化时间不得少于 7d;磨细生石灰粉的熟化时间不得小于 2d。石灰膏稠度应为 120mm±5mm。消石灰粉不能直接用于砌筑砂浆中。

（2）采用黏土膏时,通过孔径不大于 3mm×3mm 网过滤。黏土膏稠度应为 120mm±5mm。

（3）制作电石膏的电石渣应用孔径不大于 3mm×3mm 网过滤,检验时应加热至 70℃ 并保持20min,没有乙炔气味后,方能使用。稠度应为120mm±5mm。

6.1.3 技术条件

1)强度

砌筑砂浆的强度等级宜采用 M20、M15、M10、M7.5、M5、M2.5。

2)密度

水泥砂浆拌和物的密度不宜小于 1900kg/m³,水泥混合砂浆拌和物的密度不宜小于 1800kg/m³。

3)稠度

砌筑砂浆的稠度应按表6-1的规定选用。

砌筑砂浆的稠度　　　　　　　　表6-1

砌 体 种 类	砂浆稠度(mm)
烧结普通砖砌体	70～90
轻骨料混凝土小型空心砌块砌体	60～90
烧结多孔砖、空心砖砌体	60～80
烧结普通砖平拱式过梁 空斗墙、筒拱 普通混凝土小型空心砌块砌体 加气混凝土砌块砌体	50～70
石砌体	30～50

4)分层度

砌筑砂浆的分层度不得大于30mm。

5)水泥用量

水泥砂浆中水泥用量不应小于200kg/m³,水泥混合砂浆中水泥和掺加料总量宜为300～350kg/m³。

6.2 砌筑砂浆配合比计算与确定

6.2.1 水泥混合砂浆配合比计算

1)计算砂浆试配强度

砂浆的试配强度应按式(6-1)计算,精确至0.1MPa。

$$f_{m,0} \leqslant f_2 + 0.65\sigma \tag{6-1}$$

式中:$f_{m,0}$——砂浆的试配强度;

f_2——砂浆抗压强度平均值,精确至0.1MPa;

σ——砂浆现场强度标准差,精确至0.01MPa。

注:砂浆现场强度标准差 σ 可按表 6-2 取用。

砂浆强度标准差 σ 选用值(单位:MPa)　　　表 6-2

施工水平 \ 砂浆强度等级	M2.5	M5	M7.5	M10	M15	M20
优良	0.50	1.00	1.50	2.00	3.00	4.00
一般	0.62	1.25	1.88	2.50	3.75	5.00
较差	0.75	1.50	2.25	3.00	4.50	6.00

2) 计算每立方米砂浆中水泥用量

每立方米砂浆中的水泥用量,应按式(6-2)计算,精确至 1kg。

$$Q_c = \frac{1000(f_{m,0} - \beta)}{\alpha \cdot f_{ce}} \quad (6-2)$$

式中:Q_c——每立方米砂浆的水泥用量;

$f_{m,0}$——砂浆的试配强度,精确至 1MPa;

f_{ce}——水泥 28d 实测强度,精确至 0.1MPa;

α、β——砂浆的特征系数,其中 $\alpha = 3.03$,$\beta = -15.09$。

在无法取得水泥 28d 实测强度时,可根据式(6-3)计算。

$$f_{ce} = \gamma_c \cdot f_{ce,k} \quad (6-3)$$

式中:$f_{ce,k}$——水泥强度等级对应的强度值;

γ_c——水泥强度等级值的富余系数,在 1.0~1.13 之间,无统计资料时,可取 1.0。

3) 计算水泥混合砂浆的掺加料用量

水泥混合砂浆的掺加料应按式(6-4)计算,精确至 1kg。

$$Q_D = Q_A - Q_C \quad (6-4)$$

式中:Q_D——每立方米砂浆的掺加料用量;

Q_C——每立方米砂浆的水泥用量,精确至 1kg;

Q_A——每立方米砂浆的水泥和掺加料的总用量,精确至 1kg,宜在 300~350kg/m³ 之间。

4) 每立方米砂浆中砂子用量

每立方米砂浆中的砂子用量,应按干燥状态(含水率小于 0.5%)的堆积密度值作为计算值(kg)。

5) 每立方米砂浆中的用水量

每立方米砂浆中的用水量,根据砂浆稠度等要求可选用 240~310kg,具体要求如下:

(1) 混合砂浆中的用水量,不包括石灰膏或黏土膏中的水;

(2) 当采用细砂或粗砂时,用水量分别取上限或下限;

(3) 稠度小于 70mm 时,用水量可小于下限;

(4)施工现场气候炎热或干燥季节,可酌量增加用水量。

6.2.2 水泥砂浆配合比选用

水泥砂浆材料用量可按表6-3选用。

用 80μm 方孔标准筛检验水泥细 表6-3

强 度 等 级	每立方米砂浆水泥用量(kg)	每立方米砂子用量(kg)	每立方米砂浆用水量(kg)
M2.5~M5	200~230	$1m^3$ 砂子的堆积密度值	270~330
M7.5~M10	220~280		
M15	280~340		
M20	340~400		

水泥砂浆材料用量还应注意如下要求:

(1)表6-3中的水泥强度等级为32.5级,大于32.5级水泥用量宜取下限;

(2)根据施工水平合理选择水泥用量;

(3)当采用细砂或粗砂时,用水量分别取上限或下限;

(4)稠度小于70mm时,用水量可小于下限;

(5)施工现场气候炎热或干燥季节,可酌量增加用水量。

6.2.3 配合比试配、调整与确定

1)砂浆试配

(1)试配时应采用工程中实际使用的材料;

(2)按计算或查表所得配合比进行试拌时,应测定其拌和物的稠度和分层度,当不能满足要求时,应调整材料用料,直到符合要求为止。然后确定为试配时的砂浆基准配合比。

2)配合比确定

(1)试配时至少应采用三个不同的配合比。一个为基准配合比,其他配合比的水泥用量应按基准配合比分别增加及减少10%。在保证稠度和分层度合格的条件下,可将用水量或掺加料用量作相应调整。

(2)对三个不同的配合比进行调整后,按规定成型试件,测定砂浆强度;并选定符合试配强度要求的且水泥用量最低的配合比作为砂浆配合比。

6.3 砂浆试验

6.3.1 砂浆稠度试验

1)试验目的

确定配合比或施工时控制拌和物的稠度,以达到控制用水量的目的。

2)仪器设备

(1)砂浆稠度仪:由支架、底座、带滑杆圆锥体、刻度盘及圆锥金属筒组成。

(2)捣棒:直径10mm,长350mm,端部磨圆呈弹头形。

(3)铁铲、秒表等。

3)试验步骤

(1)将按配合比称好的水泥和砂拌和均匀,然后逐次加掺加料,加水,和易性凭观察符合要求时,停止加水,再拌和均匀,一般共拌5min。

盛浆容器和试锥用湿布擦干净,并用少量润滑油轻擦滑杆,使滑杆能自由滑动。

(2)将砂浆拌和物一次装入容器,使砂浆表面低于容器口约10mm,用捣棒自容器边缘向中间插捣25次,然后轻轻地将容器摇动或敲击5~6次,使砂浆表面平整,随后将容器置于稠度仪的台座上。

(3)调节试锥,使试锥尖接触砂浆表面;拧紧制动螺栓,使齿条侧杆下端刚接触滑杆上端,并将指针调零。

(4)拧开制动螺栓,使圆锥体自由落入砂浆中,10s后立即固定螺栓,将齿条侧杆下端接触滑杆上端,从刻度盘上读出下沉深度(精确至1mm)即为砂浆稠度值。

(5)圆锥形容器内的砂浆,只允许测定一次稠度,重复测定时,应重新取样测定。

4)结果计算

(1)取两次试验结果的算术平均值作为测定值,计算精确至1mm。

(2)若两次试验值之差大于20mm,则应另取砂浆搅拌后重新测定。

6.3.2 砂浆密度试验

1)试验目的

测定砂浆拌和物捣实后的密度,以确定每立方米砂浆拌和物中各种组成材料的实际用量。

2)仪器设备

(1)容量筒:容积1L。

(2)天平:称量5000g,感量5g。

(3)捣棒:直径10mm,长350mm,端部磨圆呈弹头形。

(4)水泥胶砂振动台。

(5)稠度仪、秒表等。

3)试验步骤

(1)首先,将拌好的砂浆按稠度试验方法测其稠度。当砂浆稠度大于50mm时,应采用插捣法;当砂浆稠度小于50mm,宜采用振动法。

(2)试验前称出容量筒重,精确至5g。然后将砂浆拌和物一次装满容量筒并略有富余。根据稠度选择试验方法。

①采用插捣法时,用捣棒均匀插捣25次,插捣过程中如砂浆沉落到低于筒口,则应随时添加砂浆,再敲击5~6次。

②采用振动法时,把容量筒放在振动台上,振10s,振动过程中如砂浆沉入到低于筒口,则应随时添加砂浆。

(3)捣实或振动后将筒口多余的砂浆拌和物刮去,使表面平整,然后将容量筒外壁擦净,称出砂浆与容量筒总重,精确至5g。

4)结果计算

砂浆拌和物密度按式(6-5)计算,精确至10kg/m³。

$$\rho = \frac{(m_2 - m_1)}{V} \times 1000 \tag{6-5}$$

式中:ρ——砂浆拌和物密度(kg/m³);

m_1——容量筒质量(g);

m_2——容量筒及拌和物质量(g);

V——容量筒体积。

密度由两次试验结果的算术平均值作为最终测定值,计算精确至10kg/m³。

6.3.3 分层度试验

1)试验目的

测定砂浆在运输及停放时间的保水能力,即稠度的稳定性。

2)仪器设备

(1)砂浆分层度筒:内径150mm,上节高度200mm,下节带底净高为100mm。

(2)水泥胶砂振动台。

(3)稠度仪、木槌等。

3)试验步骤

(1)静置法测定分层度

①首先将砂浆拌和物按稠度试验方法测定稠度K_1。

②将砂浆拌和物一次装入分层度筒内,待装满后,用木槌在容器周围距离大致相等的四个不同地方轻轻敲击1~2次,如砂浆沉落到低于筒口,则应随时添加砂浆,然后刮去多余的砂浆并用抹刀抹平。

③静置30min后,去掉上节200mm砂浆,剩余的100mm砂浆倒出,放在拌和锅内搅拌2min,再测定砂浆稠度K_2。

(2)快速测定分层度

①首先将砂浆拌和物按稠度试验方法测定稠度K_1。

②将分层度筒预先固定在振动台上,砂浆一次装入分层度筒内,振动20s。

③然后去掉上节200mm砂浆,剩余的100mm砂浆倒出,放在拌和锅内搅拌2min,再测定砂浆稠度K_2;如有争议,以静置法为准。

4)计算结果与评定

(1)两次测得稠度之差($K_1 - K_2$)即为砂浆分层度值。

(2)应取两次试验结果的算术平均值作为该砂浆的分层度值。

(3)两次分层度试验值之差大于 20mm 时,应重新试验。

当两个试饼判别结果不一致时,为安定性不合格。

6.3.4 砂浆抗压强度试验

1)试验目的

检测砂浆的实际抗压强度,确定砂浆是否达到设计要求的强度等级。

2)仪器设备

(1)试模:70.7mm × 70.7mm × 70.0mm 立方体。

(2)捣棒:直径 10mm,长 350mm,端部磨圆呈弹头形。

(3)压力机。

(4)刮刀、毛刷等。

3)试件制作

(1)混合砂浆试件制作

①将无底试模放在预先铺好新闻纸的普通黏土砖上(砖的吸水率不小于10%,含水率不大于2%),试模内壁事先涂好机油。

②放于黏土砖上的新闻纸,应以盖过砖的四边为准,砖的使用面要求平整并没有粘过水泥或其他胶凝材料。

③砂浆一次装入试模,用捣棒均匀由外向内按螺旋方向插捣 25 次,为了防止低稠度砂浆插捣后留下孔洞,允许用抹刀沿模壁插捣数次,使砂浆多出试模顶面 6~8mm。

④当砂浆表面开始出现麻斑状态(约 15~30min),将多余部分沿试模顶面刮去抹平。

(2)水泥砂浆试件制作

①将试模内壁事先涂好机油。

②砂浆一次装入试模,用捣棒均匀由外向内按螺旋方向插捣 25 次,为了防止低稠度砂浆插捣后留下孔洞,允许用抹刀沿模壁插捣数次,使砂浆多出试模顶面 6~8mm。

③当砂浆表面开始出现麻斑状态(约 15~30min),将多余部分沿试模顶面刮去抹平。

4)试件养护

(1)试件制作后,一般应在 15~25℃温度下停放一昼夜(24h ± 2h)。当气温较低时,可适当延长时间,但不应超过两昼夜。然后对试件进行编号并拆模。

(2)试件拆模后,应在标准养护条件下养护 28d,然后进行试验。

(3)标准养护条件

①水泥混合砂浆应在温度 20℃ ± 3℃,相对湿度为 60%~80% 的条件下养护。

②水泥砂浆应在温度 20℃ ± 3℃,相对湿度为 90% 以上的潮湿条件下养护。

注:试件养护期间彼此间隔不小于10mm。

5)试验步骤

(1)试件从养护地点取出后,应尽快进行试验,以免试件内部的温度、湿度发生变化。首先用湿布擦干试件表面,测量尺寸,并检查外观。时间尺寸测量精确至1mm,可按公称尺寸进行计算。

(2)将试件安放在压力机的下压板上,使试件的侧面受压。

(3)开动压力机,连续均匀加荷,加荷速度应为0.5~1.5kN/s(砂浆的强度等级在5MPa及5MPa以下时,取下限为宜;砂浆的强度等级在5MPa及5MPa以上时,取上限为宜)。当试件接近破坏而迅速变形时,停止调整油门,直至试件破坏,然后记录破坏荷载。

6)结果计算与评定

(1)砂浆立方体抗压强度按式(6-6)计算,精确至0.1MPa。

$$D_{cun} = \frac{P}{A} \tag{6-6}$$

式中:D_{cun}——砂浆立方体试件抗压强度(MPa);

P——破坏荷载(N);

A——试件承压面积(mm^2)。

(2)砂浆立方体抗压强度以六个试验值的算术平均值作为测定值,平均值计算精确至0.1MPa。

当六个试件的最大值与平均值之差超过20%时,以中间四个试件的平均值作为改组试件的抗压强度值。

单元 7　建筑钢材检测

7.1　钢材的基本性能及质量标准

7.1.1　钢材的定义和分类

1）钢材的定义

钢材:是钢锭、钢坯或钢材通过压力加工制成所需要的各种形状、尺寸和性能的材料。

钢材是国家基础建设必不可少的重要物资,应用广泛、品种繁多,根据断面形状的不同,钢材一般分为型材、板材、管材和金属制品四大类。为了便于组织钢材的生产、订货供应和搞好经营管理工作,又分为重轨、轻轨、大型型钢、中型型钢、小型型钢、钢材冷弯型钢、优质型钢、线材、中厚钢板、薄钢板、电工用硅钢片、带钢、无缝钢管钢材、焊接钢管、金属制品等品种。

2）钢材的分类

钢与生铁的区分在于含碳量的大小。含碳量小于 2.06% 的铁碳合金称为钢。含碳量大于 2.06% 的铁碳合金称为生铁。

(1)按化学成分分类

①碳素钢:低碳钢,含碳量小于 0.25%;中碳钢,含碳量为 0.25% ~ 0.60%;高碳钢,含碳量大于 0.60%。

②合金钢:低合金钢,合金元素总含量小于 5.0%;中合金钢,合金元素总含量为 5.0% ~ 10%;高合金钢,合金元素总含量大于 10%。

建筑工程中,钢结构用钢和钢筋混凝土结构用钢,主要使用非合金钢中的低碳钢,及低合金钢加工成的产品,合金钢亦有少量应用。

(2)按品质(杂质含量)分类

①普通钢:含硫量不大于 0.045% ~ 0.050%,含磷量不大于 0.045%。

②优质钢:含硫量不大于 0.035%,含磷量不大于 0.035%。

③高级优质钢:含硫量不大于 0.025%,高级优质钢的钢号后加"高"字或 A;含磷量不大于 0.025%。

④特级优质钢:含硫量不大于 0.015%,特级优质钢后加 E;含磷量不大于 0.025%。

(3)按冶炼时脱氧程度分类

钢按冶炼时脱氧程度可分为镇静钢、特殊镇静钢、沸腾钢和半镇静钢。

7.1.2　钢材的力学性能

钢材力学性能是保证钢材最终使用性能(机械性能)的重要指标,它取决于钢的化学成分和热处理制度。在钢管标准中,根据不同的使用要求,规定了拉伸性能(弹性模量、抗拉强度、屈服强度或屈服点、伸长率)以及硬度、韧性指标,还有用户要求的高、低温性能等。

1)拉伸性能

在外力作用下,材料抵抗变形和断裂的能力称为强度。测定钢材强度的主要方法是拉伸试验,钢材受拉时,在产生应力的同时,相应的产生应变。应力和应变的关系反映出钢材地主要力学特征。钢材从受拉到拉断,经历了四个阶段:弹性阶段、屈服阶段、强化阶段和颈缩阶段。

拉伸性能是建筑钢材最重要的性能。通过对钢材进行抗拉试验,所测得的弹性模量、屈服强度、抗拉强度和伸长率是钢材的四个重要技术性质指标。

(1)弹性模量

钢材受力初期,应力与应变成比例地增长,应力与应变之比为常数,称为弹性模量,即 $E = \sigma/\varepsilon$。这个阶段的最大应力(p 点对应值)称为比例极限 σ_p。

弹性模量反映了材料受力时抵抗弹性变形的能力,即材料的刚度,它是钢材在静荷载作用下计算结构变形的一个重要指标。

应力超过比例极限后,应力—应变曲线略有弯曲,应力与应变不再成正比例关系,但卸去外力时,试件变形能立即消失,此阶段产生的变形是弹性变形。不产生残留塑性变形的最大应力(e 点对应值)称为弹性极限 σ_e。事实上,σ_p 与 σ_e 相当接近。

(2)屈服强度

当应力超过弹性极限后,变形增加较快,此时除了产生弹性变形外,还产生部分塑性变形。当应力达到 B 点后,塑性应变急剧增加,曲线出现一个波动的小平台,这种现象称为屈服。这一阶段的最大、最小应力分别称为上屈服点和下屈服点。由于下屈服点的数值较为稳定,因此以它作为材料抗力的指标,称为屈服点或屈服强度,用 σ_s 表示。

有些钢材(如高碳钢)无明显的屈服现象,通常以发生微量的塑性变形(0.2%)时的应力作为该钢材的屈服强度,称为条件屈服强度,用 $\sigma_{0.2}$ 表示。

当钢材屈服到一定程度后,由于内部晶粒重新排列,其抵抗变形能力又重新提高,此时变形虽然发展很快,但却只能随着应力的提高而提高,直至应力达到最大值。此后,钢材抵抗变形的能力明显降低,并在最薄弱处发生较大的塑性变形,此处试件截面迅速缩小,出现颈缩现象,直至断裂破坏。钢材受拉断裂前的最大应力值称为强度极限或抗拉强度,用 σ_b 表示。

(3)伸长率

伸长率 δ 是衡量钢材塑性的指标,它的数值越大,表示钢材塑性越好。良好的塑性,可将结构应力(超过屈服点的应力)重分布,从而避免结构过早破坏。

2)塑性和冲击韧性

(1)塑性

塑性是钢材的一个重要性能指标。钢材的塑性通常用拉伸试验时的伸长率或断面收缩率来表示。

把试件断裂的两段拼起来,便可测得标距范围内的长度 l_1,l_1 减去标距长 l_0 就是塑性变形值,此值与原长 l_0 的比率称为伸长率 δ。伸长率 δ 是衡量钢材塑性的指标,它的数值越大,表示钢材塑性越好。

$$\delta = \frac{l_1 - l_0}{l_0} \times 100\%$$

(2)冲击韧性

钢材的冲击韧性是处在简支梁状态的金属试样在冲击负荷作用下折断时冲击吸收功。钢材的冲击韧性试验是将标准弯曲试样置于冲击机的支架上,并使切槽位于受拉的一侧。

当试验机的重摆从一定高度自由落下时,在试样中间开 V 形缺口,试样吸收的能量等于重摆所做的功 $W(J)$。若试件在缺口处的最小横截面积为 $A(cm^2)$,则冲击韧性 $\alpha_k (J/cm^2)$ 为

$$\alpha_k = \frac{W}{A}$$

钢材的冲击韧性越大,钢材抵抗冲击荷载的能力越强。α_k 值与试验温度有关,有些材料在常温时冲击韧性并不低,破坏时呈现韧性破坏特征,但当试验温度低于某值时,α_k 突然大幅度下降,材料无明显塑性变形而发生脆性断裂,这种性质称为钢材的冷脆性。

3)抗疲劳性

受交变荷载反复作用,钢材在应力低于其屈服强度的情况下突然发生脆性断裂破坏的现象,称为疲劳破坏。钢材的疲劳破坏一般是由拉应力引起的,首先在局部开始形成细小断裂,随后由于微裂纹尖端的应力集中而使其逐渐扩大,直至突然发生瞬时疲劳断裂。疲劳破坏是在低应力状态下突然发生的,所以危害极大,往往造成灾难性的事故。

在一定条件下,钢材疲劳破坏的应力值随应力循环次数的增加而降低。钢材在无穷次交变荷载作用下而不致引起断裂的最大循环应力值,称为疲劳强度极限,实际测量时常以 2×10^6 次应力循环为基准。钢材的疲劳强度与很多因素有关,如组织结构、表面状态、合金成分、夹杂物和应力集中几种情况。一般来说,钢材的抗拉强度高,其疲劳极限也较高。

4)硬度

钢材硬度(Hardness)的代号为 H。按硬度试验方法的不同,常规表示有布氏(HB)、洛氏(HRC)、维氏(HV)、里氏(HL)硬度等,其中以 HB 及 HRC 较为常用。

布氏硬度试验方法(HB)应用范围较广,洛式硬度试验方法(HRC)适用于表面高硬度材料,如热处理硬度等。两者区别在于硬度计的测头不同,布氏硬度计的测头为钢球,而洛氏硬度计的测头为金刚石。

维氏硬度试验方法(HV)适用于显微镜分析,其以 100kg 以内的荷载和顶角为 136° 的金刚石方形锥压入器压入材料表面,用材料压痕凹坑的表面积除以荷载值,即为维氏硬度值(HV)。

里氏硬度试验所用硬度计为手提式硬度计,测量方便,利用冲击球头冲击硬度表面后,产生弹跳;利用冲头在距试样表面 1mm 处的回弹速度与冲击速度的比值计算硬度,其公式:

里氏硬度 $HL = 1000 \times v_B(\text{回弹速度})/v_A(\text{冲击速度})$

便携式里氏硬度计用里氏硬度试验方法(HL)测量后可以转化为布氏(HB)、洛氏(HRC)、维氏(HV)、肖氏(HS)硬度。或用里氏原理直接用布氏(HB)、洛氏(HRC)、维氏(HV)、里氏(HL)、肖氏(HS)测量硬度值。

7.1.3 钢材中主要化学元素及其对钢材性能的影响

钢的基本元素为铁(Fe),普通碳素钢中占99%,此外还有碳(C)、硅(Si)、锰(Mn)等杂质元素,以及硫(S)、磷(P)、氧(O)、氮(N)等有害元素,这些总含量约1%,但对钢材力学性能却有很大影响。

1)碳

碳是除铁以外钢材中最主要的元素。碳含量增加,钢材强度提高,塑性、韧性,特别是低温冲击韧性下降,同时耐腐蚀性、疲劳强度和冷弯性能也显著下降,恶化钢材可焊性,增加低温脆断的危险性。一般建筑用钢要求含碳量在0.22%以下,焊接结构中应严格限制碳含量在0.20%以下。

2)硅

硅作为脱氧剂加入普通碳素钢。适量硅可提高钢材的强度,而对塑性、冲击韧性、冷弯性能及可焊性无显著的不良影响。一般镇静钢的含硅量为0.10%~0.30%,含量过高(达1%),会降低钢材塑性、冲击韧性、抗锈性和可焊性。

3)锰

锰是一种弱脱氧剂。适量的锰可有效提高钢材强度,消除硫、氧对钢材的热脆影响,改善钢材热加工性能,并改善钢材的冷脆倾向,同时不显著降低钢材的塑性、冲击韧性。普通碳素钢中锰的含量约为0.3%~0.8%。含量过高(达1.0%~1.5%以上)将使钢材变脆、变硬,并降低钢材的抗锈性和可焊性。

4)硫

硫对于钢材是一种有害元素,能引起钢材热脆,降低钢材的塑性、冲击韧性、疲劳强度和抗锈性等。一般建筑用钢含硫量要求不超过0.055%,在焊接结构中应不超过0.050%。

5)磷

磷对于钢材也是一种有害元素。磷虽可提高钢材强度、抗锈性,但严重降低钢材塑性、冲击韧性、冷弯性能和可焊性,尤其低温时发生冷脆,含量需严格控制,一般不超过0.050%,焊接结构中不超过0.045%。

6)氧

氧是钢材中的有害元素,引起热脆,一般要求含量小于0.05%。

7)氮

氮能使钢材强化,但显著降低钢材塑性、韧性、可焊性和冷弯性能,增加时效倾向和冷脆性,一般要求含量小于0.008%。

为改善钢材力学性能,可适量增加锰、硅含量,还可掺入一定数量的铬、镍、铜、钒、钛、铌等合金元素,炼成合金钢。钢结构常用合金钢中合金元素含量较少,称为普通低合金钢。

7.2 钢材试验检测

7.2.1 取样方法及试件制备

(1)钢筋应该按批次进行检查和验收。每批次由同一生产厂、同一炉号、同一规格、同一交货状态、同一进场时间的钢筋组成,每批数量不大于60t。

(2)热轧带肋钢筋、热轧光圆钢筋、余热处理钢筋每批取拉伸试件2根,弯曲试件2根;低碳热轧圆盘条取拉伸试件1根,弯曲试件2根;冷轧带肋钢筋取拉伸试件每盘1个,弯曲试件每批2个。

(3)凡是拉伸和弯曲均取2个试件的,应从任意2根钢筋中截取,每根钢筋取一根拉伸试件和一根弯曲试件。取样时,首先在钢筋或盘条端部至少截去50cm,然后切去试件。

(4)试件长度:拉伸试件 $L \geq L_0 + 200mm$

弯曲试件 $L \geq L_0 + 150mm$

式中:L_0——原始标距长度,一般为5d(d 为钢筋直径)。

7.2.2 钢筋的拉伸性能试验

1)试验目的、原理和方法

试验目的:测定低碳钢的屈服强度、抗拉强度、伸长率三个指标,作为评定钢筋强度等级的主要技术依据。

试验原理:根据钢筋拉伸情况来确定钢筋的三个指标。

试验方法:万能试验机。

2)相关国家技术标准

本试验依据的规范为《钢筋混凝土用钢 第2部分 热轧带肋钢筋》(GB 1499.2—2007)。该规范对钢筋的拉伸性能作了如表7-1所示的规定。

《钢筋混凝土用钢 第2部分 热轧带肋钢筋》(GB 1499.2—2007)   表7-1

牌 号	屈服强度(MPa)	抗拉强度(MPa)	断后伸长率(%)	总伸长率(%)
	不 小 于			
HRB335 HRBF335	335	455	17	
HRB400 HRBF400	400	540	16	7.5
HRB500 HRBF500	500	630	15	

3)试验步骤要点及注意事项

(1)抗拉试验用钢筋试件一般不经过车削加工,可以用两个或一系列等分小冲点或细划线标出原始标距(标记不应影响试样断裂)。

(2)试件原始尺寸的测定:

①测量标距长度 l_0,精确到 0.1mm。

②圆形试件横断面直径应在标距的两端及中间处两个相互垂直的方向上各测一次,取其算术平均值,选用三处测得的横截面积中最小值。横截面面积按下式计算:

$$A_0 = \frac{1}{4}\pi \cdot d_0^2$$

式中: A_0——试件的横截面面积(mm^2);

d_0——圆形试件原始横截面直径(mm)。

(3)屈服强度与抗拉强度的测定:

①调整试验机测力度盘的指针,使对准零点,并拨动副指针,使与主指针重叠。

②将试件固定在试验机夹头内,开动试验机进行拉伸。拉伸速度为:屈服前,应力增加速度每秒为 10MPa;屈服后,试验机活动夹头在荷载下的移动速度为不大于 $0.5l_c/\min$(不经车削试件 $l_c = l_0 + 2h_1$)。

③拉伸中,测力度盘的指针停止转动时的恒定荷载,或不计初始瞬时效应时的最小荷载,即为所求的屈服点荷载 P_s。

④向试件连续施荷直至拉断,由测力度盘读出最大荷载,即为所求的抗拉极限荷载 P_b。

(4)伸长率的测定:

①将已拉断试件的两端在断裂处对齐,尽量使其轴线位于一条直线上。如拉断处由于各种原因形成缝隙,则此缝隙应计入试件拉断后的标距部分长度内。

②如拉断处到临近标距端点的距离大于 $1/3l_0$,可用卡尺直接量出已被拉长的标距长度 l_1(mm)。

③如拉断处到临近标距端点的距离小于或等于 $1/3l_0$,可按移位法计算标距 l_1(mm)。

④如试件在标距端点上或标距处断裂,则试验结果无效,应重新试验。

4)试验结果处理

(1)屈服强度按下式计算:

$$\sigma_s = \frac{P_s}{A_0}$$

式中: σ_s——屈服强度(MPa);

P_s——屈服时的荷载(N);

A_0——试件原横截面面积(mm^2)。

(2)抗拉强度按下式计算:

$$\sigma_b = \frac{P_b}{A_0}$$

式中: σ_b——屈服强度(MPa);

P_b——最大荷载(N);

A_0——试件原横截面面积(mm^2)。

(3)伸长率按下式计算(精确至1%):

$$\delta_{10}(\delta_5) = \frac{l_1 - l_0}{l_0} \times 100\%$$

式中:$\delta_{10}(\delta_5)$——分别表示 $l_0 = 10d_0$ 和 $l_0 = 5d_0$ 时的伸长率;

l_0——原始标距长度 $10d_0$(或 $5d_0$)(mm);

l_1——试件拉断后直接量出或按移位法确定的标距部分长度(mm)(测量精确至 0.1mm)。

(4)当试验结果有一项不合格时,应另取双倍数量的试样重做试验,如仍有不合格项目,则该批钢材判为拉伸性能不合格。

5)试验记录

试验记录如表 7-2 所示。

表 7-2

使用部位_____ 强度等级_____ 试验者_____
计算者_____ 校核者_____ 试验日期_____

	公称直径(mm)	截面积(mm^2)	屈服荷载(N)	极限荷载(N)	屈服点(MPa)		抗拉强度(MPa)	
屈服点和抗拉强度测定					测定值	平均值	测定值	平均值

	公称直径(mm)	原始标距长度(mm)	拉断后标距长度(mm)	拉伸长度(mm)	伸长率	
伸长率测定					测定值	平均值

7.2.3 钢筋的弯曲(冷弯)性能试验

1)试验目的、原理和方法

试验目的:测定低碳的屈服强度、抗拉强度、伸长率三个指标,作为评定钢筋强度等级的主要技术依据。

试验原理:钢筋在力的作用下产生弯曲,直至达到规定的弯曲角度,卸除试验力后,检查试样承受变形性能。通常检查试样弯曲部分的外面、里面和侧面,若弯曲处无裂纹、起层或断裂现象,即可认为冷弯性能合格。

试验方法:万能试验机。

2)相关国家技术标准

本试验依据的规范为《钢筋混凝土用钢 第 2 部分 热轧带肋钢筋》(GB 1499.2—2007)。该规范对钢筋的弯曲(冷弯)性能试验作了如表 7-3 所示的规定。

《钢筋混凝土用钢 第 2 部分 热轧带肋钢筋》(GB 1499.2—2007)(单位:mm) 表 7-3

牌　　号	公称直径 d(mm)	弯 芯 直 径
HRB335 HRBF335	6~25	$3d$
	28~40	$4d$
	>40~50	$5d$
HRB400 HRBF400	6~25	$4d$
	28~40	$5d$
	>40~50	$6d$
HRB500 HRBF500	6~25	$6d$
	28~40	$7d$
	>40~50	$8d$

3)试验步骤要点及注意事项

(1)试件制备:

①试件的弯曲外表面不得有划痕。

②试样加工时,应去除剪切或火焰切割等形成的影响区域。

③当钢筋直径小于 35mm 时,不需加工,直接试验;若试验机能量允许,直径不大于 50mm 的试件亦可用全截面的试件进行试验。

④当钢筋直径大于 35mm 时,应加工成直径 25mm 的试件。加工时应保留一侧原表面,弯曲试验时,原表面应位于弯曲的外侧。

⑤弯曲试件长度根据试件直径和弯曲试验装置而定,通常按下式确定试件长度:

$$l = 5d + 150$$

(2)试验步骤(过程):

①半导向弯曲;

②导向弯曲。

4)试验结果处理

按以下五种试验结果评定方法进行,若无裂纹、裂缝或裂断,则评定试件合格。

(1)完好。试件弯曲处的外表面金属基本上无肉眼可见因弯曲变形产生的缺陷时,称为完好。

(2)微裂纹。试件弯曲外表面金属出现细小裂纹,其长度不大于 2mm,宽度不大于 0.2mm 时,称为微裂纹。

(3)裂纹。试件弯曲外表面金属出现裂纹,其长度大于 2mm 而小于或等于 5mm,宽度大于 0.2mm 而小于或等于 0.5mm 时,称为裂纹。

(4)裂缝。试件弯曲外表面金属出现明显开裂,其长度大于 5mm,宽度大于 0.5mm 时,称为裂缝。

(5)裂断。试件弯曲外表面出现沿宽度贯穿的开裂,其深度超过试件厚度的 1/3 时,称为裂断。

> **注**：在微裂纹、裂纹、裂缝中规定的长度和宽度，只要有一项达到某规定范围，即应按该级评定。

5）试验记录

试验记录如表7-4所示。

表7-4

使用部位_____　　　强度等级_____　　　试验者_____
计算者_____　　　　校核者_____　　　　试验日期_____

试件编号	钢材型号	钢材直径（mm）	冷弯角度	弯芯直径与钢材直径比值	冷弯后钢材表面状况	冷弯性能是否合格
1						
2						

单元 8　石油沥青试验

8.1　沥青材料基本性能及质量标准

8.1.1　沥青材料的定义及分类

1）沥青材料的定义

沥青是一种憎水性的有机胶凝材料，构造致密，与石料、砖、混凝土及砂浆等能牢固地黏结在一起。沥青制品具有良好的隔潮、防水、抗渗、耐腐蚀等性能。在地下防潮、防水和屋面防水等建筑工程及铺路工程中得到广泛的应用。

2）沥青材料的分类

沥青的种类很多，按产源可分为地沥青和焦油沥青。地沥青主要包括石油沥青和天然沥青，焦油沥青包括煤沥青、木沥青等。建筑工程用的主要是石油沥青和煤焦沥青。

（1）煤焦沥青。煤焦沥青是炼焦的副产品，即焦油蒸馏后残留在蒸馏釜内的黑色物质。它与精制焦油只是物理性质有分别，没有明显的界限，一般的划分方法是规定软化点在26.7℃（立方块法）以下的为焦油，软化点在26.7℃以上的为沥青。煤焦沥青中主要含有难挥发的蒽、菲、芘等。这些物质具有毒性，由于这些成分的含量不同，煤焦沥青的性质也不同。温度的变化对煤焦沥青的影响很大，冬季容易脆裂，夏季容易软化。加热时有特殊气味；加热到260℃,5h 以后，其所含的蒽、菲、芘等成分就会挥发出来。

（2）石油沥青。石油沥青是原油蒸馏后的残渣。根据提炼程度的不同，在常温下成液体、半固体或固体。石油沥青色黑而有光泽，具有较高的感温性。由于它在生产过程中曾经蒸馏至400℃以上，因而所含挥发成分甚少，但仍可能有高分子的碳氢化合物未经挥发出来，这些物质或多或少会对人体健康有害。

（3）天然沥青。天然沥青储藏在地下，有的形成矿层或在地壳表面堆积。这种沥青大都经过天然蒸发、氧化，一般不含有毒素。

8.1.2　沥青三大指标的概念

1）沥青针入度

针入度是指标准圆锥体（一般共载重150g，也有规定100g的）在5s内沉入保温在25℃时的润滑脂试样中的深度，单位是1/10mm。针入度越大表示润滑脂越软，即稠度越小；反之，则表示润滑脂越硬，即稠度越大。沥青的针入度测定，不用标准圆锥体而用载重共100g的标准尖针。测定的条件与润滑脂相同。

通过测定针入度，不仅能够掌握不同沥青的黏稠性以及进行沥青标号的划分，而且可以用来描述沥青的温度敏感性。针入度指数可以在15℃、25℃、30℃等多个温度条件下测定。若

30℃时针入度值过大,可采用5℃代替。当量软化点 T800 是相当于沥青针入度为 800 时的温度,用以评价沥青的高温稳定性。当量脆点 T12 是相当于沥青针入度为 1.2 时的温度,用以评价沥青的低温抗裂性能。

2) 沥青延度

延度试验是将沥青做成 8 字形标准试件,根据要求通常采用温度为 25℃、15℃、10℃、5℃,以 5cm/min(低温时可用 1cm/min)的速度拉伸至断裂时的长度(cm),即为沥青延度。

延度越大,沥青的塑性越好。延度是评定沥青塑性的重要指标。

3) 沥青软化点

软化点试验是将试样置于规定尺寸的金属环内,上置规定尺寸和质量的钢球,放于水(5℃)或甘油(32.5℃)中,以(5±0.5)℃/min 的速度加热,至钢球下沉达到规定距离(25.4mm)时的温度,即为沥青软化点,以℃表示,它在一定程度上表示沥青的温度稳定性。

试验有一定的设备和程序,不同沥青有不同的软化点。工程用沥青软化点不能太低或太高,否则夏季融化,冬季脆裂且不易施工。

8.2 沥青试验

8.2.1 取样方法及试样的制备

1) 取样方法

(1) 从储油罐中取样

① 无搅拌设备的储罐。

a. 液体沥青或经加热已经变成液体的黏稠沥青取样时,应先关闭进液阀,然后取样。

b. 用取样器按液面上、中、下位置(液面各为 1/3 等分处,但距罐底不得低于高度的 1/6)各取规定数量样品。每层取样后,取样器应尽可能倒净。当储罐过深时,亦可按不同流出深度分 3 次取样。对静态存取的沥青,不得仅从罐顶用小桶取样,也不能仅从罐底阀门流出少量沥青取样。

c. 将取出的 3 个样品充分混合后取规定数量的样品作为试样,样品也可分别进行检验。

② 有搅拌设备的储罐。

将液体沥青或经加热已经变成流体的黏稠沥青充分搅拌后,用取样器从沥青层中部取规定数量的试样。

(2) 从糟车、罐车、沥青洒布车中取样

① 设有取样阀时,可旋开取样阀,待流出至少 4kg 或 4L 后再取样;

② 仅有放料阀时,待放出全部沥青的一半时再取样;

③ 从顶盖处取样,可用取样器从中部取样。

(3) 在装料或卸料过程中取样

在装料或卸料过程中取样时,要按时间间隔均匀地取至少 3 个规定数量样品,然后将这些样品充分混合后取规定数量样品作为试样,样品也可分别进行检验。

(4) 从沥青储存池中取样

沥青储存池中的沥青应待加热熔化后,经管道或沥青泵流至沥青加热锅之后取样。分间隔每锅至少取3个样品,然后将这些样品充分混匀后再取规定数量作为试样,样品也可分别进行检验。

(5) 从沥青运输船中取样

沥青运输船到港后,应分别从每个沥青仓取样,从每个仓的不同部位取3个样品,混合在一起,作为一个仓的沥青样品供检验用。在卸油过程中取样时,应根据卸油量,大体均匀地分3次从卸油品或管道中的取样口取样,然后混合作为一个样品供检验用。

(6) 从沥青桶中取样

① 当能确认是同一批生产的产品时,可随机取样。若不能确认是同一批生产的产品时,应根据桶数按照表8-1的规定或按总桶数的立方根随机选出沥青桶数。

选取沥青样品桶数   表8-1

沥青桶总数	选取桶数	沥青桶总数	选取桶数
2~8	2	217~343	7
9~27	3	344~512	8
28~64	4	513~729	9
65~125	5	730~1000	10
126~216	6	1001~1331	11

② 将沥青桶加热使桶中沥青全部熔化成流体后,按罐车取样方法取样。每个样品的数量,应以充分混合后能满足供检验用样品的规定数量要求为限。

③ 若沥青桶不便加热熔化沥青时,亦可在桶高的中部将桶凿开取样,但样品应在距桶壁5cm以上的内部凿取,并采取措施防止样品散落地面沾有尘土。

(7) 固体沥青取样

从桶、袋、箱装或散装整块中取样,应在表面以下及窗口侧面以内至少5cm处采取。若沥青能够打碎,可用一个干净的工具将沥青打碎后取中间部分试样;若沥青是软塑的,则用一个干净的热工具切割取样。

2) 试样的保存与存放

(1) 除液体沥青、乳化沥青外,所有需加热的沥青试样必须存放在密封带盖的金属器皿中,严禁灌入纸袋、塑料袋中存放。试样应存放在阴凉干净处,注意防止试样污染。装有试样的盛样器应加盖、密封,外部擦拭干净,并在其上标明试样来源、品种、取样日期、地点及取样人。

(2) 冬季乳化沥青试样要注意采取妥善防冻措施。

(3) 除试样的一部分用于检验外,其余试样应妥善保存备用。

（4）试样击破加热采取时，应一次取够一批所需的数量装入另一盛样器，其余试样密封保存，应尽量减少重复加热取样。用于质量仲裁检验的样品，重复加热的次数不得超过两次。

3）热沥青试样制备

（1）当石油沥青无水分时，将装有试样的盛样器带盖放入恒温烘箱中，烘箱温度为软化点温度以上90℃，通常为135℃左右。对取来的沥青试样不得直接采用电炉或煤气炉明火加热。

（2）当石油沥青试样中含有水分时，将盛样器皿放在可控温的砂浴、油浴、电热套上加热脱水，不得已采用电炉、煤气炉加热脱水时必须加放石棉垫。时间不超过30min，并用玻璃棒轻轻搅拌，防止局部过热。在沥青温度不超过100℃的条件下，仔细脱水至无泡沫为止，最后的加热温度不超过软化点以上100℃（石油沥青）或50℃（煤沥青）。

（3）将盛样器中的沥青通过0.6mm的滤筛过滤，不等冷却立即一次灌入各项试验的模具中。根据需要也可将试样分装入擦拭干净并干燥的一个或数个沥青盛样器皿中，数量应满足一批试验项目所需的沥青样品并有富余。

（4）在沥青灌模过程中如温度下降可放入烘箱中适当加热，试样冷却后反复加热的次数不得超过2次，以防沥青老化影响试验结果。注意在沥青灌模时不得反复搅动沥青，避免混进气泡。

（5）灌模剩余的沥青应立即清洗干净，不得重复使用。

8.2.2　沥青针入度试验

1）试验目的和方法

试验目的：通过针入度的测定掌握不同沥青的黏稠度以及进行沥青标号的划分。

针入度PI用以描述沥青的温度敏感性，宜在15℃、25℃、30℃等3个或3个以上温度条件下测定针入度后按规定的方法计算得到，若30℃时的针入度值过大，可采用5℃代替。

试验方法：沥青针入度是在规定温度和规定时间内，附加一定重量的标准针垂直贯入沥青试样中的深度，单位为1/10mm。

2）相关国家技术标准

本试验依据的规范为《建筑石油沥青》（GB/T 494—2010）。该规范对沥青针入度试验有如表8-2所示的质量要求。

产品分类：建筑石油沥青按针入度不同分为10号、30号和40号三个牌号。

沥青针入度试验质量要求　　　　表8-2

项　　目	质　量　要　求		
	10号	30号	40号
针入度(25℃,100g,5s)(1/10mm)	10~25	26~35	36~50
针入度(45℃,100g,5s)(1/10mm)	报告	报告	报告
针入度(0℃,200g,5s)(1/10mm),不小于	3	6	6

3) 试验步骤与要点

（1）试验步骤

①将恒温水槽调到要求的温度 25℃，保持稳定。

②将试样放在放有石棉垫的炉具上缓慢加热，时间不超过 30min，用玻璃棒轻轻搅拌，防止局部过热。加热脱水温度，石油沥青不超过软化点以上 100℃，煤沥青不超过软化点以上 50℃。沥青脱水后通过 0.6 滤筛过筛。

③试样注入盛样皿中，高度应超过预计针入度值 10mm，盖上盛样皿盖，防止落入灰尘。在 15～30℃室温中冷却 1～1.5h（小盛样皿），或者 2～2.5h（特殊盛样皿）后，再移入保持规定试验温度 ±0.1℃ 的恒温水槽中恒温 1～1.5h（小盛样皿）、1.5～2h（大盛样皿）或者 2～2.5h（特殊盛样皿）。

④调整针入度仪使之水平。检查针连杆和导轨，以确认无水和其他外来物，无明显摩擦。用三氯乙烯或其他溶剂清洗标准针，并擦干。将标准针插入针连杆，用螺栓固紧。按试验条件，加上附加砝码。

⑤取出达到恒温的盛样皿，并移入水温控制在试验温度 ±0.1℃（可用恒温水槽中的水）的平底玻璃皿中的三脚支架上，试样表面以上的水层深度不少于 10mm。

⑥将盛有试样的平底玻璃皿置于针入度仪的平台上。慢慢放下针连杆，用适当位置的反光镜或灯光反射观察，使针尖恰好与试样表面接触。拉下刻度盘的拉杆，使之与针连杆顶端轻轻接触，调节刻度盘或深度指示器的指针指示为零。

⑦开动秒表，在指针正指 5s 的瞬间，用手紧压按钮，使标准针自动下落贯入试样，经规定时间，停压按钮使针停止移动。拉下刻度盘拉杆与针连杆顶端接触，读取刻度盘指针或位移指示器的读数，即为针入度，精确至 0.5（0.1mm）。当采用自动针入度仪时，计时与标准针落下贯入试样同时开始，至 5s 时自动停止。

⑧同一试样平行试验至少 3 次，各测试点之间及与盛样皿边缘的距离不应少于 10mm。每次试验后应将盛有盛样皿的平底玻璃皿放入恒温水槽，使平底玻璃皿中水温保持试验温度。每次试验应换一根干净标准针或将标准针取下用蘸有三氯乙烯溶剂的棉花或布揩净，再用干棉花或布擦干。

⑨测定针入度大于 200 的沥青试样时，至少用 3 支标准针，每次试验后将针留在试样中，直至 3 次平行试验完成后，才能将标准针取出。

（2）注意事项

①根据沥青的标号选择盛样皿，试样深度应大于预计穿入深度 10mm。不同的盛样皿其在恒温水浴中的恒温时间不同。

②测定针入度时，水温应当控制在 25℃±1℃ 范围内，试样表面以上的水层高度不小于 10mm。

③测定时针尖应刚好与试样表面接触，必要时用放置在合适位置的光源反射来观察。使

活杆与针连杆顶端相接触,调节针入度刻度盘使指针为零。

④在 3 次重复测定时,各测定点之间与试样皿边缘之间的距离应不小于 10mm。

⑤3 次平行试验结果的最大值与最小值应在规定的允许差值范围内,若超过规定差值应重新做试验。

4) 试验结果及数据整理

(1) 同一试样的 3 次平行试样结果的最大值与最小值之差在表 8-3 允许偏差范围内时,计算 3 次试验结果的平均值,取整数作为针入度试验结果,以 0.1mm 为单位。

当试验结果超出表 8-3 所规定的范围时,应重新进行试验。

允 许 差 值 表　　　　　　　表 8-3

针入度(0.1mm)	0～49	50～149	150～249	250～500
允许差值(0.1mm)	2	4	12	20

(2) 当试验结果小于 50(0.1mm) 时,重复性试验的允许差为不超过 2(0.1mm),复现性试验的允许差为不超过 4(0.1mm)。

(3) 当试验结果等于或大于 50(0.1mm) 时,重复性试验的允许差为不超过平均值的 4%,复现性试验的允许差为不超过平均值的 8%。

5) 试验记录

试验记录如表 8-4 所示。

表 8-4

试验者_____　　记录者_____　　校核者_____　　日期_____

试验温度 (℃)	试针荷重 (g)	贯入时间 (s)	刻度盘初读数	刻度盘终读数	针入度(0.1mm)	
					测定值	平均值

8.2.3　沥青延度试验

1) 试验目的和方法

试验目的:通过延度试验测定沥青能够承受的塑性变形总能力。

试验方法:沥青延度是规定形状的试样在规定温度(25℃)条件下以规定拉伸速度(5cm/min)拉至断开时的长度,以 cm 表示。

2) 国家标准和相关规范

本试验依据的规范为《建筑石油沥青》(GB/T 494—2010)。该规范对沥青延度试验有如表 8-5 所示的质量要求。

沥青针入度试验质量要求　　　　　　　　　　　　　　表 8-5

项　　目	质　量　要　求		
	10 号	30 号	40 号
延度(25℃,5cm/min)(cm),不小于	1.5	2.5	3.5

3) 试验步骤和要点

(1) 试验步骤

①将隔离剂拌和均匀,涂于清洁干燥的试模底板和两个侧模的内侧表面,并将试模在试模底板上装妥。

②将加热脱水的沥青试样,通过 0.6mm 筛过滤,然后将试样仔细自试模的一端至另一端往返数次缓缓注入模中,最后略高出试模。灌模时应注意勿使气泡混入。

③试件在室温中冷却 30~40min,然后置于规定试验温度 ±0.1℃ 的恒温水槽中,保持 30min 后取出,用热刮刀刮除高出试模的沥青,使沥青面与试模面齐平。沥青的刮法应自试模的中间刮向两端,且表面应刮平滑。将试模连同底板再浸入规定试验温度的水槽中 1~1.5h。

④检查延度仪延伸速度是否符合规定要求,然后移动滑板使其指针正对标尺的零点。将延度仪注水,并保温达试验温度 ±0.5℃。

⑤将保温后的试件连同底板移入延度仪的水槽中,然后将盛有试样的试模自玻璃板或不锈钢板上取下,将试模两端的孔分别套在滑板及槽端固定板的金属柱上,并取下侧模。水面距试件表面应不小于 25mm。

⑥开动延度仪,并注意观察试样的延伸情况。此时应注意,在试验过程中,水温应始终保持在试验温度规定范围内,且仪器不得有振动,水面不得有晃动,当水槽采用循环水时,应暂时中断循环,停止水流。

在试验中,如发现沥青细丝浮于水面或沉入槽底时,则应在水中加入酒精或食盐,调整水的密度至与试样相近后,重新试验。

⑦试件拉断时,读取指针所指标尺上的读数,以 cm 表示,在正常情况下,试件延伸时应成锥尖状,拉断时实际断面接近于零。如不能得到这种结果,则应在报告中注明。

(2) 注意事项

①按照规定方法制作延度试件,应当满足试件在空气中冷却和在水浴中保温的时间。

②检查延度仪拉伸速度是否符合要求,移动滑板是否能使指针对准标尺零点,水槽中水温是否符合规定温度。

③拉伸过程中水面应距试件表面不小于 25mm,如发现沥青丝浮于水面则应在水中加入酒精,若发现沥青丝沉入槽底则应在水中加入食盐,调整水的密度至与试样的密度接近后再进行测定。

④试样在断裂时的实际断面应为零,若得不到该结果则应在报告中注明在此条件下无测定结果。

⑤3个平行试验结果的最大值与最小值之差应当满足重复性试验精度的要求。

4）试验结果与数据整理

同一试样，每次平行试验不少于3个，如3个测定结果均大于100cm，试验结果记作">100cm"；特殊需要也可分别记录实测值。如3个测定结果中，有一个以上的测定值小于100cm，若最大值或最小值与平均值之差满足重复性试验精密度要求，则取3个测定结果的平均值的整数作为延度试验结果，若平均值大于100cm，记作">100cm"。若最大值或最小值与平均值之差不符合重复性试验精密度要求，试验应重新进行。

当试验结果小于100cm时，重复性试验精度的允许差为平均值的20%；复现性试验精度的允许差为平均值的30%。

5）试验记录

试验记录如表8-6所示。

表8-6

试验者_____ 记录者_____ 校核者_____ 日期_____

试验温度(℃)	试验速度(cm/min)	测定值(mm)	平均值(mm)

8.2.4 沥青软化点试验

1）试验目的和方法

试验目的：软化点的测试在一定程度上表示沥青的温度稳定性。

试验方法：沥青的软化点是试样在规定尺寸的金属环内，上置规定尺寸和重量的钢球，放于水（5℃）或甘油（32.5℃）中，以（5±0.5）℃/min速度加热，至钢球下沉达到规定距离（25.4cm）时的温度，以℃表示。该方法即为环球法。

2）国家标准和相关规范

本试验依据的规范为《建筑石油沥青》（GB/T 494—2010）。该规范对沥青软化点试验有如表8-7所示的质量要求。

产品分类：建筑石油沥青按针入度不同分为10号、30号和40号三个牌号。

沥青软化点试验质量要求 表8-7

项　目	质　量　要　求		
	10号	30号	40号
软化点(环球法)(℃)不低于	95	75	60

3）试验步骤与要点

（1）试验步骤

准备工作：将试样环置于涂有甘油滑石粉隔离剂的试样底板上，将准备好的沥青试样徐徐注入试样环内至略高出环面为止。

如估计试样软化点高于120℃,则试样环和试样底板(不用玻璃板)均应预热至80～100℃。

试样在室温冷却30min后,用环夹夹住试样杯,并用热刮刀刮除环面上的试样,务使与环面齐平。

①试样软化点在80℃以下者:

a. 将装有试样的试样环连同试样底板置于5℃±0.5℃的恒温水槽中至少15min;同时将金属支架、钢球、钢球定位环等亦置于相同水槽中。

b. 烧杯内注入新煮沸并冷却至5℃的蒸馏水,水面略低于立杆上的深度标记。

c. 从恒温水槽中取出盛有试样的试样环放置在支架中层板的圆孔中,套上定位环;然后将整个环架放入烧杯中,调整水面至深度标记,并保持水温为5℃±0.5℃。环架上任何部分不得附有气泡。将0～80℃的温度计由上层板中心孔垂直插入,使端部测温头底部与试样环下面齐平。

d. 将盛有水和环架的烧杯移至放有石棉网的加热炉具上,然后将钢球放在定位环中间的试样中央,立即开动振荡搅拌器,使水微微振荡,并开始加热,使杯中水温在3min内调节至维持每分钟上升5℃±0.5℃。在加热过程中,应记录每分钟上升的温度值,如温度上升速度超出此范围时,则试验应重做。

e. 试样受热软化逐渐下坠,至与下层底板表面接触时,立即读取温度,准确至0.5℃。

②试样软化点在80℃以上者:

a. 将装有试样的试样环连同试样底板置于装有32℃±1℃甘油的恒温槽中至少15min,同时将金属支架、钢球、钢球定位环等亦置于甘油中。

b. 在烧杯内注入预先加热至32℃的甘油,其液面略低于立杆上的深度标记。

c. 从恒温槽中取出装有试样的试样环,按上述方法①进行测定,准确至1℃。

(2)注意事项

①按照规定方法制作延度试件,应当满足试件在空气中冷却和在水浴中保温的时间。

②估计软化点在80℃以下时,试验采用新煮沸并冷却至5℃的蒸馏水作为起始温度测定软化点;当估计软化点在80℃以上时,试验采用32℃±1℃的甘油作为起始温度测定软化点。

③环架放入烧杯后,烧杯中的蒸馏水或甘油应加入至环架深度标记处,环架上任何部分均不得有气泡。

④加热3min内调节到使液体温度维持每分钟上升5℃±0.5℃,在整个测定过程中,如温度上升速度超出此范围,应重做试验。

⑤两次平行试验测定值的差值应当符合重复性试验精度。

4)试验结果及数据整理

同一试样平行试验两次,当两次测定值的差值符合重复性试验精密度要求时,取其平均值作为软化点试验结果,准确至 0.5℃。

当试样软化点小于 80℃时,重复性试验的允许差为 1℃,复现性试验的允许差为 4℃。

当试样软化点等于或大于 80℃时,重复性试验的允许差为 2℃,复现性试验的允许差为 8℃。

5)试验记录

试验记录如表 8-8 所示。

表 8-8

试验者_____　　　记录者_____　　　校核者_____　　　日期_____

起始温度(℃)	第1种	第2种	第3种	第4种	第5种	第6种	第7种	第8种	测定值(℃)	平均值(℃)

单元9 土工试验

9.1 土的组成及物理性质

1) 土

土是由地壳表面的岩石经过物理风化、化学风化和生物风化作用之后的产物。

2) 土的三相组成

土是由土颗粒(固相)、水(液相)及气体(气相)三种物质组成的集合体。

(1) 固相：土的固相物质分为无机矿物颗粒和有机质，成为土体的骨架。矿物颗粒由原生矿物和次生矿物组成。

(2) 液相：土的液相是指土空隙中存在的水。

(3) 气相：土中气相主要指土空隙中充填的空气。

3) 土的指标

(1) 土的密度：指土体单位体积的质量。

$$\rho = \frac{m}{V} \quad (\text{kN/m}^3) \tag{9-1}$$

土的密度变化范围一般在 $16 \sim 22 \text{kN/cm}^3$ 之间。

(2) 土颗粒的相对密度 d_s：指土的固体颗粒的单位体积的质量与水在4℃时单位体积的质量之比。

$$d_s = \frac{m_s/V_s}{m_w/V_{w4℃}} \tag{9-2}$$

(3) 土的含水率 w：指土中水的质量与固体颗粒质量之比，通常以百分数表示。

$$w = \frac{m_w}{m_s} \times 100\% \tag{9-3}$$

含水率是表示土湿度的指标。土的天然含水率变化范围很大，从干砂接近于零，一直到饱和黏土的百分之几百。

上述三项指标是通过试验直接测定的指标，称为基本物理性质指标。

(4) 干密度 ρ_d：指土的固体颗粒质量与土的总体积之比。

$$\rho_d = \frac{m_s}{V} \, (\text{kN/m}^3) \tag{9-4}$$

土的干密度越大，土越密实。所以干密度常用作填土压实的控制指标。

9.2 土工试验

9.2.1 土的含水率试验

1）烘干法

（1）目的和适用范围

本试验方法适用于测定黏质土、粉质土、砂类土、砂砾石、有机质土和冻土土类的含水率。

（2）仪器设备

①烘箱：可采用电热烘箱或温度能保持105～110℃的其他能源烘箱。

②天平：称量200g,感量0.01g；称量1000g,感量0.1g。

③其他：干燥器、铝盒。

（3）试验步骤

①取具有代表性试样,细粒土15～30g,砂类土、有机质土50g,砂砾石1～2kg,先称铝盒质量,把土放入铝盒内,立即盖好盒盖,称质量。称量时,天平平衡后称量结果减去铝盒质量即为湿土质量。

②打开盒盖,将试样连盒放入烘箱内,在恒温105～110℃下烘干。烘干时间对于细粒土不得少于8h,对于砂类土不得少于6h。对含有有机质超过5%的土和含石膏的土,应将温度控制在60～70℃的恒温下,干燥12～15h为好。

③将烘干后的试样盒取出,放入干燥器内冷却（一般只需0.5～1h）。冷却后盖好盒盖,称质量,精确至0.01g。

（4）结果整理

按公式（9-5）计算含水率：

$$w = \frac{m - m_s}{m_s} \times 100\% \tag{9-5}$$

式中：w——含水率(%),计算至0.1；

m——湿土质量(g)；

m_s——干土质量(g)。

本试验须进行两次平行测定,取其算术平均值,允许平行差值应符合表9-1。

含水率测定的允许平行差值　　　　　　表9-1

含水率(%)	允许平行差值(%)	含水率(%)	允许平行差值(%)
5以下	0.3	40以上	≤2
40以下	≤1	对层状和网状结构的冻土	<3

2）酒精燃烧法

（1）目的和适用范围

本试验方法适用于快速简易测定细粒土（含有机质的土除外）的含水率。

(2)仪器设备

①铝盒(定期调整为恒质量)。

②天平:感量0.01g。

③酒精:纯度95%。

④滴管、火柴、调土刀等。

(3)试验步骤

①取代表性土样(黏质土5~10g,砂类土20~30g),放入铝盒内,称湿土质量m,精确至0.01g。

②用滴管将酒精注入放有试样的称量盒中,直至盒中出现自由液面为止。为使酒精在试样中充分混合均匀,可将盒底在桌面上轻轻敲击。点燃盒中酒精,燃至火焰熄灭。

③将试样冷却数分钟,按本试验前述方法再重新燃烧两次。

④等第三次火焰熄灭后,盖好盒盖,立即称干土质量m_s,精确至0.01g。

(4)结果整理

按公式(9-5)计算含水率。

(5)精密度和允许差

精密度和允许差同烘干法。

3)相对密度法

(1)目的和适用范围

本试验方法仅适用于测定砂类土的含水率。

(2)仪器设备

①玻璃瓶:容积500mL以上。

②天平:称量1000g,感量0.5g。

③其他:漏斗、小勺、吸水球、玻璃片、土样盘及玻璃棒等。

(3)试验步骤

①取代表性砂类土试样200~300g,放入土样盘内。向玻璃瓶中注入清水至1/3左右,然后用漏斗将土样盘中的试样倒入瓶中,并用玻璃棒搅拌1~2min,直到所含气体完全排出为止。

②向瓶中加清水至全部充满,静置1min后用吸水球吸去泡沫,再加清水使其充满,盖上玻璃片,擦干瓶外壁,称质量。

③倒去瓶中混合液,洗净,再向瓶中加清水至全部充满,盖上玻璃片,擦干瓶外壁,称质量,精确至0.5g。

(4)结果整理

按公式(9-6)计算含水率:

$$w = \left[\frac{m(d_s - 1)}{d_s(m_1 - m_2)} - 1\right] \times 100\% \qquad (9\text{-}6)$$

式中：w——含水率(%)，计算至0.1；

m——湿土质量(g)；

m_1——瓶、水、土、玻璃片总质量(g)；

m_2——瓶、水、玻璃片总质量(g)；

d_s——砂类土的相对密度。

(5)精密度和允许差

精密度和允许差同烘干法。

9.2.2 界限含水率试验——液限和塑限联合测定法

(1)目的和适用范围

本试验的目的是联合测定土的液限和塑限，用于分割土类，计算天然稠度和塑性指数，供公路工程设计和施工使用。

本试验适用于粒径不大于0.5mm、有机质含量不大于试样总质量5%的土。

(2)仪器设备

①圆锥仪：锥质量为100g或76g，锥角为30°，读数显示形式宜采用光电式、数码式、游机式、百分表式。

②盛土杯：直径50mm，深度40～50mm。

③天平：称量200g，感量0.01g。

④其他：筛(孔径0.5mm)、调土刀、调土皿、称量盒、研体(附带橡皮头的研杵或橡皮板、木棒)、干燥器、吸管、凡士林等。

(3)试验步骤

①取有代表性的天然含水率或风干土样进行试验。如土中含大于0.5mm的土粒或杂物时，应将风干土样用带橡皮头的研杵研碎或用木棒在橡皮板上压碎，过0.5mm的筛。

取0.5mm筛下的代表性土样200g，分开放入三个盛土皿中，加不同数量的蒸馏水，土样的含水率分别控制在液限(a点)、略大于塑限(c点)和二者的中间状态(b点)。用调土刀调匀，盖上湿布，放置18h以上。测定a点的进入深度，对于100g锥应为20mm±0.2mm；对于76g锥应为17mm。测定a点的进入深度，对于100g锥应控制在5mm以下，对于76g锥应控制在2mm以下。对于砂类土，用100g锥测定c点的进入深度可大于5mm，用76g锥测定c点的进入深度可大于2mm。

②将制好的土样充分搅拌均匀，分层装入盛土杯，用力压密，使空气逸出。对于较干的土样，应先充分搓揉，用调土刀反复压实。试杯装满后，刮成与杯边齐平。

③用游标式或百分表式液限塑限联合测定仪试验时，调平仪器，提起锥杆(此时游标或百分表指数为零)，锥头上涂少许凡士林。

④将装好土样的试杯放在联合测定仪的升降座上，转动升降旋钮，待锥尖与土样表面刚好接触时停止升降，扭动锥下降旋钮，同时开动码表，经5s时，松开旋钮，锥体停止下落，此时游

标指数即为锥入深度 h_1。

⑤改变锥尖与土接触位置(锥尖两次进入位置距离不小于1cm),重复本试验步骤③和④,得进入深度 h_2。h_1、h_2 允许平行误差为0.5mm;否则,应重做。取 h_1、h_2 平均值作为该点的进入深度 h_0。

⑥去掉锥尖入土处的凡士林,取10g以上的土样两个,分别装入称量盒内,称质量(精确至0.01g),测定其含水率 w_1、w_2(计算到0.1%)。计算含水率平均值。

⑦重复本试验步骤②~⑥,对其他两个含水率土样进行试验,测其进入深度和含水率。

⑧用光电式或数码式液限塑限联合测定仪测定时,接通电源,调平机身,打开开关,提上锥体(此时刻度或数码显示应为零)。将装好土样的试杯放至升降座上,转动升降旋钮,试杯徐徐上升,土样表面和锥尖刚好接触,指示灯亮,停止转动旋钮,锥体立刻自行下沉,5s时,自动停止下落,读数窗上或数码管上显示锥入深度。试验完毕,按重定按钮,锥体重定,读数显示为零。

(4)结果整理

①在双对数坐标上,以含水率 w 为横坐标,锥入深度 h 为纵坐标,绘 a、b、c 三点含水率的 $h-w$ 图(图9-1)。连此三点,应呈一条直线。如三点不在同一直线,要通过 a 点与 b、c 两点连成两条直线,根据液限(a 点含水率)在图9-4上查得 h_p,以此 h_p 再在 $h-w$ 的 ab 及 ac 两直线上求出相应的两个含水率。当两个含水率的差值小于2%时,以该两点含水率的平均值与 a 点连成一直线。当两个含水率的差值不小于2%时,应重做试验。

②液限的确定方法:

a. 若采用76g锥做液限试验,则在 $h-w$ 图上,查得纵坐标入土深度 $h=17$mm 所对应的横坐标的含水率 w,即为该土样的液限 w_L。

b. 若采用100g锥做液限试验,则在 $h-w$ 图上,查得纵坐标入土深度 $h=20$mm 所对应的横坐标的含水率 w,即为该土样的液限 w_L。

③塑限的确定方法:

a. 根据本试验②求出的液限,通过76g锥入土深度 h 与含水率 w 的关系曲线,查得锥入土深度为2mm所对应的含水率即为该土样的塑限 w_P。

b. 通过液限 w_L 与塑限时入土深度 h_p 的关系曲线,查得 h_p,再由图9-2求出入土深度 h_p 对应的含水率,即为该土样的塑限 w_P。查 h_p-w_L 关系图时,须先通过简易鉴别法及筛分法把砂类土与细粒土区别开来,再按这两种土分别采用相应的 h_p-w_L 关系曲线。对于细粒土,用双曲线确定 h_p 值;对于砂类土,则

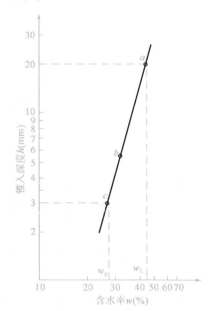

图9-1 $h-w$ 关系曲线

用多项式曲线确定 h_p 值。

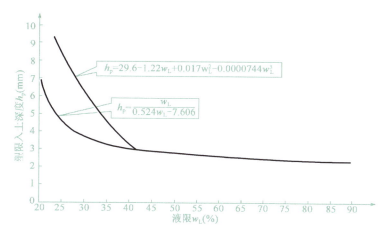

图 9-2 h_p-w_L 关系曲线

9.2.3 土的标准击实试验

(1) 目的和适用范围

目的:模拟施工压实条件,在一定击实次数下,含水率与干密度之间的关系,从而确定土的最大干密度与最优含水率。

适用范围:本试验分轻型击实试验和重型击实试验,小击实筒适用于粒径不大于 25mm 的土,大击实筒适用于粒径不大于 38mm 的土。

(2) 仪器设备

①标准击实仪如图 9-3、图 9-4 所示。

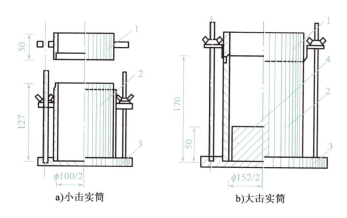

a) 小击实筒　　b) 大击实筒

图 9-3 击实筒(尺寸单位:mm)
1-套筒;2-击实筒;3-底板;4-垫块

击实仪的击实筒和击锤尺寸应符合表 9-2 的规定。

击实筒和击锤尺寸规定　　　　　　　　　　　表9-2

试验方法	锤底直径（mm）	锤质量（kg）	落高（mm）	击实筒			护筒高度（mm）
				内径	筒高	容积	
轻型	51	2.5	305	100	127	997	50
重型	51	4.5	457	152	170	2177	50

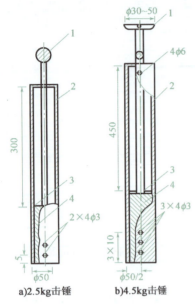

图9-4　击实锤和导杆（尺寸单位：mm）
1-提手；2-导筒；3-橡皮垫；4-击锤

击实仪的击锤应配导筒，击锤与导筒间应有足够的间隙使锤能自由下落，电动操作的击锤必须有控制落距的跟踪装置和锤击点按一定角度均匀分布的装置。

②天平：称量200g，最小分度值0.01g。

③台秤：称量10kg，最小分度值5g。

④标准筛：孔径为38mm、25mm、19mm和5mm各一个。

⑤试样推出器：宜用螺旋式千斤顶或液压式千斤顶，如无此类装置，亦可用刮刀和修土刀从击实筒中取出试样。

（3）试样制备

试样制备分为干法和湿法两种。

①干法制备试样步骤：

（土不得重复使用）用四分法取代表性土样20kg（重型为50kg），风干或在50℃温度下烘干，碾碎，过5mm或25mm（重型过38mm）筛，将筛下土样拌匀，并测定土样的风干含水率。将土样分成5份，每份3kg。可根据土的塑限预估最优含水率，两个含水率大于塑限，两个含水率小于塑限，一个含水率接近于塑限，相邻两个含水率的差值宜为2%，制备5个不同含水率的一组试样，水分揉搓均匀，放在带盖的水桶中静置一昼夜。

（土可以重复使用）将具有代表性的风干或在50℃温度下烘干的土（土含水较少时，也可直接用天然含水状态下的土），碾碎，然后过不同孔径的筛（视粒径大小定）。对于小击实筒，按四分法取筛下的约3kg；对于大击实筒，按四分法取筛下的约6.5kg。估计土的风干含水率或天然含水率，根据土的塑限为最优含水率，视土的干湿程度，依经验加水，按干土法进行揉搓，但不需闷料，每次增加2%的含水率，其中两个含水率大于塑限，两个含水率小于塑限，一个含水率接近于塑限。

②湿法制备试样步骤：

取天然含水率的代表性土样20kg（重型为50kg）碾碎，过5mm或25mm（重型38mm）筛，将筛下土样拌匀，并测定土样的天然含水率。根据土样的塑限预估最优含水率，两个含水率大于塑限，两个含水率小于塑限，一个含水率接近于塑限，相邻两个含水率的差值宜为2%，分别将天然含水率的土样风干或加水进行制备，制备5个含水率不同的土样，应使制备好的土样水分均匀分布,静置一昼夜。

以上 5 个含水率试样的准确加水量可按以下公式计算：

$$m_w = \frac{m_1}{1+0.01w_1} \times 0.01(w-w_1) \tag{9-7}$$

式中：m_w——所需的加水量(g)；

m_1——含水率为 w_1 时土样的质量(g)；

w_1——土样原有的含水率(%)；

w——要求达到的含水率(%)。

制备试样的标准量按表 9-3 所列用量适当调整。

试 料 用 量 表 9-3

使用方法	类别	试筒内径(mm)	最大粒径(mm)	试料用表(kg)
干土法 （试样重复使用）	A	100 100 152	5 25 38	3 4.5 6.5
干土法 （试样不重复使用）	B	100 152	至 25 至 38	至少 5 个试样,每个 3kg 至少 5 个试样,每个 6kg
湿土法 （试样不重复使用）	C	100 152	至 25 至 38	至少 5 个试样,每个 3kg 至少 5 个试样,每个 6kg

击实次数和最大粒径如表 9-4 所示。

击实次数和最大粒径 表 9-4

试验方法	试筒内径(mm)	层数	每层击数	最大粒径(mm)
轻型法	102	3	27	25
	152	3	59	38
重型法	102	5	27	25
	152	3	98	38

(4) 试验步骤

①将击实仪平稳置于刚性基础上,击实筒与底座连接好,安装好护筒,在击实筒内壁均匀涂一薄层润滑油,称取一定量试样,倒入击实筒内。分层击实,轻型击实试样分 3 层,每层 27 击(或 59 下)；重型击实样分 5 层,每层 27 击,若分 3 层,每层 98 击。每层试样高度宜相等,两层交界处的土面应拉毛。小击实筒完成时,超出击实筒顶的试样高度应小于 5mm；大击实筒完成时,超出击实筒顶的试样高度应小于 6mm。

②卸下护筒,用直刮刀修平击实筒顶部的试样,拆除底板,试样底部若超出筒外,也应修平,擦净筒外壁,称筒与试样的总质量准确至 1g,并计算试样的湿密度。

③用推土器将试样从击实筒中推出,把试样从中间切开,分别取两个代表性试样用烘干法测定含水率,两个试样含水率的差值应不大于 1%。

④对不同含水率的试样依次击实。

(5) 结果整理

试样的干密度应按下式计算：

$$\rho_{干} = \frac{\rho_{湿}}{1+0.01w} \tag{9-8}$$

式中：w——某点试样的含水率(%)。

应在直角坐标纸上绘制干密度和含水率的关系曲线，示例见图9-5，并应取曲线峰值点和相应的纵坐标为击实试样的最大干密度，相应的横坐标为击实试样的最优含水率。当关系曲线不能绘出峰值点时，应进行补点。

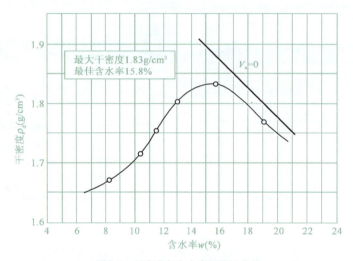

图9-5 干密度与含水率的关系曲线

由击实试验得到的击实曲线是研究土的压实特性的基本关系图。从图9-5中可见，击实曲线上有一峰值，称此处的干密度为最大干密度 ρ_{dmax}，与之对应的含水率称为最佳含水率 w_{op}（也叫最优含水率）。

注：击实好的容量筒里，不能随意填土。

9.2.4 土的密度试验

1）环刀法

(1) 目的和适用范围

本试验方法适用于测定细粒土的密度。

(2) 仪器设备的密度

①环刀：内径61.8mm和79.8mm，高度20mm，体积200cm³；

②天平：称量500g，最小分度值0.1g；称量200g，最小分度值0.01g。

(3) 试验步骤

①在取土处用平口铲挖一个 20cm×20cm 的小坑,挖至每层表面以下 2/3 深度处。

②将环刀口向下,放上环盖,将落锤沿手杆反复自由落下,打至环盖深入土中 1~2cm,用平口铲将环刀连同环盖一起取出。

③轻轻取下环盖,用削土刀修平环刀两端(不可用余土补修压平),擦净环刀外壁,称取环刀与土的质量(精确至 1g)。

④将环刀的土样取出,碾碎后称取 100g,用烘干法进行含水测定。

(4)结果整理

试样的湿密度,应按公式(9-9)计算:

$$\rho_0 = \frac{m_0}{v} \tag{9-9}$$

式中:ρ_0——试样的湿密度(g/cm^3),精确至 $0.01g/cm^3$。

试样的干密度,应按公式(9-10)计算:

$$\rho_d = \frac{\rho_0}{1 + 0.01w_0} \tag{9-10}$$

(5)精密度和允许差

本试验应进行两次平行测定,两次测定的差值不得大于 $0.03g/cm^3$,取两次测值的平均值。

2)灌砂法

(1)目的和适用范围

本试验适用于现场测定细粒土、砂类土和砾类土的密度。试样的最大粒径一般不得超过 15mm,测定密度层的厚度为 150~200mm。

注:①在测定细粒土的密度时,可以采用 φ100mm 的小型灌砂筒;②如最大粒径超过 15mm,则应相应的增大灌砂筒和标定罐的尺寸,如粒径达 40~60mm 的粗粒土,灌砂筒和现场试洞的直径应为 150~200mm。

(2)仪器设备

①灌砂筒:金属圆筒(可用白铁皮制作)的内径为 100mm,总高 360mm。灌砂筒主要分两部分:上部为储砂筒,筒深 270mm(容积约 $2120cm^3$),筒底中心有一个直径 10mm 的圆孔;下部装一倒置的圆锥形漏斗,漏斗上端开口直径为 10mm,并焊接在一块直径 100mm 的铁板上,铁板中心有一直径 10mm 的圆孔与漏斗上开口相接。在储砂筒筒底与漏斗顶端铁板之间设有开关。开关为一薄铁板,一端与筒底和漏斗铁板铰接在一起,另一端伸出筒身外,开关铁板上也有一个直径 10mm 的圆孔。将开关向左移动时,开关铁板上的圆孔恰好与筒底圆孔及漏斗上开口相对,即三个圆孔在平面上重叠在一起,砂就可通过圆孔自由落下。将开关向右移动时,开关将筒底圆孔堵塞,砂即停止下落。

灌砂筒的形式和主要尺寸如图9-6所示。

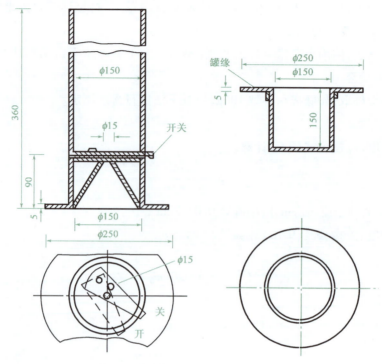

图9-6 灌砂筒和标定罐(尺寸单位:mm)

②金属标定罐:内径100mm,高150mm和200mm的金属罐各一个,上端周围有一罐缘。

注:如由于某种原因,试洞不是150mm或200mm时,标定罐的深度应该与拟挖试洞深度相同。

③基板:一个边长350mm、深40mm的金属方盘,盘中心有一直径100mm的圆孔。
④打洞及从洞中取料的合适工具,如凿子、铁锤、长把勺、长把小簸箕、毛刷等。
⑤玻璃板:边长约500mm的方形板。
⑥托盘或塑料袋(存放挖出的试样)若干。
⑦台秤:称量10~15kg,感量5g。
⑧其他:铝盒、天平、烘箱。
⑨量砂:粒径0.25~0.5mm、清洁、干燥、松散的均匀砂,含水不得大于1%,约20~40kg。应先烘干,并放置足够时间,使其与空气的湿度达到平衡。

(3)仪器标定

①确定灌砂筒下部圆锥体内砂的质量。
②在储砂筒内装满砂,筒内砂的高度与筒顶的距离不超过15mm,称筒内砂的质量m_1,精

确至1g。每次标定及而后的试验都维持该质量不变。

③将灌砂筒放在玻璃板上,打开开关,让砂流出,直到筒内砂不再下流时,关上开关,并小心地取走罐砂筒。

④收集并称量留在玻璃板上的砂或称量筒内的砂,精确至1g。玻璃板上的砂就是填满灌砂筒下部圆锥体的砂。

⑤重复上述测量,至少三次,最后取其平均值 m_2,精确至1g。

(4)确定量砂的密度

①用水确定标定罐的容积 V。

②将空罐放在台秤上,使罐的上口处于水平位置,读记罐质量 m_7,精确至1g。

③向标定罐中灌水,注意不要将水弄到台秤上或罐的外壁;将一直尺放在罐顶,当罐中水面快要接近直尺时,用滴管往罐中加水,直到水面接触直尺;移去直尺,读记罐和水的总质量 m_8。

④重复测量时,仅需用吸管从罐中取出少量水,并用滴管重新将水加满到接触直尺。

⑤标定罐的体积 V 按公式(9-11)计算:

$$V = (m_8 - m_7)/\rho_w \tag{9-11}$$

式中:V——标定罐的容积(cm^3),计算至 $0.01cm^3$;

m_7——标定罐质量(g);

m_8——标定罐和水的总质量(g);

ρ_w——水的密度(g/cm^3)。

⑥确定标定灌砂的质量:在储砂筒中装入质量为 m_1 的砂,并将罐砂筒放在标定罐上,打开开关,让砂流出,直到储砂筒内的砂不再下流时,关闭开关;取下罐砂筒,称筒内剩余的砂质量,精确至1g。

⑦重复上述测量,至少三次,最后取其平均值 m_3,准确至1g。

按公式(9-12)计算填满标定罐所需砂的质量 m_a:

$$m_a = m_1 - m_2 - m_3 \tag{9-12}$$

式中:m_a——砂的质量(g),计算至1g;

m_1——灌砂入标定罐前,筒内砂的质量(g);

m_2——灌砂筒下部圆锥体内砂的平均质量(g);

m_3——灌砂入标定罐后,筒内剩余砂的质量(g)。

按公式(9-13)计算量砂的密度 ρ_s:

$$\rho_s = \frac{m_a}{V} \tag{9-13}$$

式中:ρ_s——砂的密度(g/cm^3),计算至 $0.01g/cm^3$;

V——标定罐的体积(cm^3);

m_a——砂的质量(g)。

(5)现场试验步骤

①在试验地点,选一块约40cm×40cm的平坦表面,并将其清扫干净;将基板放在此平坦表面上;如此表面的粗糙度较大,则将盛有量砂m_5的灌砂筒放在基板中间的圆孔上;打开灌砂筒开关,让砂流入基板的中孔内,直到储砂筒内的砂不再下流时关闭开关;取下罐砂筒,并称筒内砂的质量m_6,精确至1g。

②取走基板,将留在试验地点的量砂收回,重新将表面清扫干净;将基板放在清扫干净的表面上,沿基板中孔凿洞,洞的直径为100mm。在凿洞过程中,应注意不使凿出的试样丢失,并随时将凿松的材料取出,放在已知质量的塑料袋内,密封。试洞的深度应与标定罐高度接近或一致。凿洞完毕,称此塑料袋中全部试样质量,精确至1g,减去已知塑料袋质量后,即为试样的总质量m_t。

③从挖出的全部试样中取有代表性的样品,放入铝盒中,测定其含水率w。样品数量:对于细粒土,不少于100g;对于粗粒土,不少于500g。

④将基板安放在试洞上,将灌砂筒安放在基板中间(储砂筒内放满砂至恒量m_1),使罐砂筒的下口对准基板的中孔及试洞。打开灌砂筒开关,让砂流入试洞内。关闭开关,小心取走灌砂筒,称量筒内剩余砂的质量m_4,精确至1g。

⑤如清扫干净的平坦的表面上,粗糙度不大,则不需放基板,将罐砂筒直接放在已挖好的试洞上。打开筒的开关,让砂流入试洞内。在此期间,应注意勿碰动灌砂筒。直到储砂筒内的砂不再下流时,关闭开关。仔细取走灌砂筒,称量筒内剩余砂的质量m_4,精确至1g。

⑥取出试洞内的量砂,以备下次试验时再用。若量砂的湿度已发生变化或量砂中混有杂质,则应重新烘干,过筛,并放置一段时间,使其与空气的湿度达到平衡后再用。

⑦如试洞中有较大孔隙,量砂可能进入孔隙时,则应按试洞外形,松弛地放入一层柔软的纱布,然后再进行灌砂工作。

(6)结果整理

①按式(9-14)、式(9-15)计算填满试洞所需砂的质量。

灌砂时试洞上放有基板的情况:

$$m_b = m_1 - m_4 - (m_5 - m_6) \tag{9-14}$$

灌砂时试洞上不放基板的情况:

$$m_b = m_1 - m_4' - m_2 \tag{9-15}$$

式中: m_b——砂的质量(g);

m_1——灌砂入试洞前筒内砂的质量(g);

m_2——灌砂筒下部圆锥体内砂的平均质量(g);

m_4、m_4'——灌砂入试洞后,筒内剩余砂的质量(g);

$(m_5 - m_6)$——灌砂筒下部圆锥体内及基板和粗糙表面间砂的总质量(g)。

②按式(9-16)计算试验地点土的湿密度。

$$\rho = \frac{m_t}{m_b} \times \rho_s \qquad (9\text{-}16)$$

式中：ρ——土的湿密度(g/cm^3)，计算至$0.01g/cm^3$；

m_t——试洞中取出的全部土样的质量(g)；

m_b——填满试洞所需砂的质量(g)；

ρ_s——量砂的密度(g/cm^3)。

③按式(9-17)计算土的干密度。

$$\rho_d = \frac{\rho}{1+0.01w} \qquad (9\text{-}17)$$

式中：ρ_d——土的干密度(g/cm^3)，计算至$0.01g/cm^3$；

ρ——土的湿密度(g/cm^3)；

w——土的含水率(%)。

(7)精密度和允许差

本试验须进行两次平行测定，取其算术平均值，其平行差值不得大于$0.03g/cm^3$。

3)蜡封法

(1)目的和适用范围

本试验方法适用于测量易破裂土和形态不规则坚硬土的密度。

(2)仪器设备

①天平：感量$0.01g$。

②烧杯、细线、石蜡、针、削土刀等。

(3)试验步骤

①用削土刀切取体积大于$30cm^3$的试件，削除试件表面的松、浮土及尖锐棱角，在天平上称量，精确至$0.01g$。取代表性土样进行含水率测定。

②将石蜡加热至刚过熔点，用细线系住试件浸入石蜡中。若试件蜡膜上有气泡，需用热针刺破气泡，再用石蜡填充针孔，涂平孔口。

待冷却后，将蜡封试件在天平上称量，精确至$0.01g$。

③用细线将蜡封试件置于天平一端，使其浸浮在盛有蒸馏水的烧杯中，注意试件不要接触烧杯壁，称蜡封试件的水下质量，精确至$0.01g$，并测量蒸馏水的温度。

④将蜡封试件从水中取出，擦干石蜡表面水分，在空气中称其质量。将其与③中所称质量相比，若质量增加，表示水分进入试件中；若浸入水分质量超过$0.03g$，应重做。

(4)结果整理

①按式(9-18)、式(9-19)计算湿密度及干密度。

$$\rho = \frac{m}{\dfrac{m_1 - m_2}{\rho_{wt}} - \dfrac{m_1 - m}{\rho_n}} \qquad (9\text{-}18)$$

$$\rho_d = \frac{\rho}{1 + 0.01w} \qquad (9\text{-}19)$$

式中：ρ——土的湿密度（g/cm³）；

ρ_d——土的干密度（g/cm³）；

m——试件质量（g）；

m_1——蜡封试件质量（g）；

m_2——蜡封试件水中质量（g）；

ρ_{wt}——蒸馏水在 t℃时密度（g/cm³），精确至 0.001；

ρ_n——石蜡密度（g/cm³），应事先实测，精确至 0.01g/cm³，一般可采用 0.92g/cm³；

w——含水率（%）。

②精密度和允许差。

本试验须进行两次平行测定，取其算术平均值，其平行差值不得大于 0.03g/cm³。

4）湿度密度计法

（1）湿度密度计的试验原理

根据浮体所排开的液体的质量和浮体的质量相等的原理，把盛有土样的浮秤放入水筒，这时从水面与浮秤颈管上的标尺接触的刻度，即读出湿密度与干密度。

（2）试验仪器

湿度密度计也叫含水率、密度快速测定仪，如图 9-7 所示。

其构造主要为：水筒及浮秤，浮秤的中部必要时可以自由开启，以便放入或取出土样。在浮秤的管子上刻有标尺 0、1、2、3。标尺 0 是测定湿密度的，标尺 1、2、3 分别测定相当于相对密度 2.60、2.65、2.70 的干密度标尺。水筒与浮秤以三个钩形接头扣在一起，浮秤与水筒在一起时，为使水和空气自由进入筒中，应使其间保持 1～2mm 的空隙，然后将浮秤和水筒扣在一起放入外壳水筒内，这样组成仪器的主要部分。在测定之前用环刀标准方法取土。

（3）操作步骤

①参照环刀取土在压实好的路基取土。

②校正浮秤是否在 0 点。用砝码钩把 123g 的砝码放入浮秤的底部，挂上小水筒，放入事先装有 2/3 水的大水筒，浮秤和水面接触的刻度在 0 号尺的 0 点，高于或低于 0 点都要进行校正。

③将漏斗连同切土环安置在浮秤管子上，把环刀中的土样搅碎，倒进浮秤中。

④把带土的浮秤轻轻放入预先盛水的外壳水筒中，读出标尺 0 所接触的刻度，其值即为土的湿密度。

⑤干密度的测定是将浮秤中的土样全部倒入水筒中，加水至水筒体积的 3/4 处，用小刀把搅动水中土样，使其成漩涡转后，均匀下沉。

⑥让土悬液静置片刻，水面稍清后（砂土要 1～2min，亚砂土要 5～6min，砂质黏土或黏土

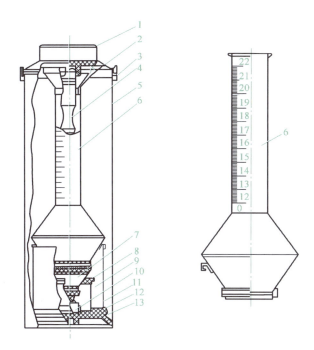

图 9-7　湿度密度计

1-上盖；2-漏斗；3-克码；4-小刀把；5-外壳水箱；6-浮秤；7-盛器；8-切土环
上垫；9-切土环；10-砝码；11-水筒；12-下垫；13-底垫

则要 10min 以上），把水筒与浮秤扣在一起，然后慢慢地放入外壳水筒中，根据土样的种类或相对密度读出水面与标尺 1、2、3 接触的刻度，其值即为土的干密度。

⑦可按式（9-20）计算出土样的含水率。

$$w = \frac{\rho_{湿} - \rho_{干}}{\rho_{干}} \times 100\% \tag{9-20}$$

9.2.5　颗粒分析试验——筛分法

（1）目的和适用范围

本试验法适用于分析粒径大于 0.075mm 的土颗粒组成。对于粒径大于 60mm 的土样，本试验方法不适用。

（2）仪器设备

①标准筛：粗筛（圆孔）孔径为 60mm、40mm、20mm、10mm、5mm、2mm，细筛孔径为 2.0mm、1.0mm、0.5mm、0.25mm、0.075mm。

②天平：称量 5000g，感量 5g；称量 1000g，感量 1g；称量 200g，感量 0.2g。

③摇筛机。

④其他：烘箱、筛刷、烧杯、木碾、研钵及杵等。

（3）试样

从风干、松散的土样中,用四分法按照下列规定取出具有代表性的试样:

最大粒径小于 2mm 的土 100～300g。

最大粒径小于 10mm 的土 300～900g。

最大粒径小于 20mm 的土 1000～2000g。

最大粒径小于 40mm 的土 2000～4000g。

最大粒径大于 40mm 的土 4000g 以上。

(4)试验步骤

①对于无黏聚性的土按规定称取试样,将试样过 2mm 筛。

②如 2mm 筛下的土不超过试样总质量的 10%,可省略细筛分析;如 2mm 筛上的土不超过试样总质量的 10%,可省略粗筛分析。

③将大于 2mm 的试样按从大到小的次序,通过大于 2mm 的各级粗筛。将留在筛上的土分别称量。

2mm 筛下的土如数量过多,可用四分法缩分至 100～800g。将试样按从大到小的次序通过小于 2mm 的各级细筛。可用摇筛机进行振摇,振摇时间一般为 10～15min。

④由最大孔径的筛开始,顺序将各筛取下,在白纸上用手轻叩摇晃,至每分钟筛下数量不大于该级筛余质量的 1% 为止。漏下的土粒应全部放入下一级筛内,并将留在各筛上的土样用软毛刷刷净,分别称量。

⑤筛后各级筛上和筛底土的总质量与筛前试样质量之差,不应大于 1%。

(5)含有黏土粒的砂砾土

①将土样放在橡皮板上,用木碾将黏结的土团充分碾散,拌匀、烘干、称量。如土样过多,用四分法称取代表性土样。

②将试样置于盛有清水的瓷盆中,浸泡并搅拌,使粗细颗粒分散。

③将浸润后的混合液过 2mm 筛,边冲边洗过筛,直至筛上仅留大于 2mm 以上的土粒为止。然后,将筛上洗净的砂砾烘干称量。按以上方法进行粗筛分析。

④通过 2mm 筛下的混合液存放在盆中,待稍沉淀,将上部悬液过 0.075mm 洗筛,用带橡皮头的玻璃棒研磨盆内浆液,再加清水、搅拌、研磨、静置、过筛,反复进行,直至盆内悬液澄清。最后,将全部土粒倒在 0.075mm 筛上,用水冲洗,直到筛上仅留大于 0.075mm 净砂为止。

⑤将大于 0.075mm 的净砂烘干称量,并进行细筛分析。

⑥将粒径大于 0.075mm 的颗粒质量从原称量的总质量中减去,即为小于 0.075mm 颗粒质量。

⑦如果小于 0.075mm 颗粒质量超过总土质量的 10%,必要时,将这部分土烘干、取样,另做密度计或移液管分析。

(6)结果整理

①按公式(9-21)计算小于某粒径颗粒的质量百分数。

$$X = \frac{A}{B} \times 100\% \qquad (9\text{-}21)$$

式中：X——小于某粒径颗粒的质量百分数(%)，计算至0.01%；

　　A——小于某粒径的颗粒质量(g)；

　　B——试样的总质量(g)。

②当粒径小于2mm，用四分法缩分取样时，按公式(9-22)计算试样中小于某粒径的颗粒质量占总土质量的百分数。

$$X = \frac{a}{b} \times p \times 100\% \qquad (9\text{-}22)$$

式中：X——小于某粒径颗粒的质量百分数(%)，计算至0.01；

　　a——通过2mm筛的试样中小于某粒径的颗粒质量(g)；

　　b——通过2mm筛的试样中所取试样的质量(g)；

　　p——粒径小于2mm的颗粒质量百分数(%)。

③在半对数坐标纸上，以小于某粒径的颗粒质量百分数为纵坐标，以粒径(mm)为横坐标，绘制颗粒大小级配曲线，求出各粒组的颗粒质量百分数，以整数(%)表示。

④按式(9-23)计算不均匀系数和曲率系数。

$$C_u = \frac{d_{60}}{d_{10}}; \quad C_c = \frac{d_{30}^2}{d_{10} \cdot d_{60}} \qquad (9\text{-}23)$$

式中：C_u——不均匀系数，计算至0.1且含两位以上有效数字；

　　C_c——曲率系数，计算至0.1且含两位以上有效数字；

　　d_{60}——限制粒径，即土中小于该粒径的颗粒质量为60%的粒径(mm)；

　　d_{30}——小于该粒径的颗粒质量为30%的粒径；

　　d_{10}——有效粒径，即土中小于该粒径的颗粒质量为10%的粒径(mm)。

不均匀系数C_u反映大小不同粒组的分布情况，C_u越大，表示土粒大小分布范围越大，土的级配越良好。曲率系数C_c则是描述累计曲线的分布范围，反映累计曲线的整体形状。

一般认为不均匀系数$C_u < 5$时，称为匀土粒，其级配不好；$C_u > 10$时，称为级配良好的土。但实际上仅用一个C_u来确定土的级配情况是不够的，还必须同时考察累计曲线的整体形状，故需兼顾曲率系数C_c。

当同时满足不均匀系数$C_u \geq 5$和曲率系数$C_c = 1 \sim 3$这两个条件时，土为级配良好的土；如不能同时满足，土为级配不良好的土。

(7)精密度和允许差

筛后各级筛上和筛底土的总质量与筛前试样质量之差，不应大于1%。

9.2.6　土的相对密度[1]试验——比重瓶法

(1)目的和适用范围

本试验法适用于粒径小于5mm的土。

(2)仪器设备

①比重瓶:容量100(或50)mL。

②天平:称量200g,感量0.001g。

③恒温水槽:灵敏度±1℃。

④砂浴。

⑤真空抽气设备。

⑥温度计:刻度为0~50℃,分度值为0.5℃。

⑦其他:如烘箱、蒸馏水、中性液体(如煤油)、孔径2mm及5mm筛、漏斗、滴管等。

(3)比重瓶校正

①将比重瓶洗净、烘干,称比重瓶质量,准确至0.001g。

②将煮沸后冷却的纯水注入比重瓶。对长颈比重瓶注水至刻度处,对短颈比重瓶应注满纯水,塞紧瓶塞,多余水分自瓶塞毛细管中溢出。调节恒温水槽至5℃或10℃,然后将比重瓶放入恒温水槽内,直至瓶内水温稳定。取出比重瓶,擦干外壁,称瓶、水总质量,精确至0.001g。

③以5℃级差,调节恒温水槽的水温,逐级测定不同温度下的比重瓶、水总质量,至达到本地区最高自然气温为止。每级温度均应进行两次平行测定,两次测定的差值不得大于0.002g,取两次测值的平均值。绘制温度与瓶、水总质量的关系曲线。

(4)试验步骤

①将比重瓶烘干,将15g烘干土装入100mL比重瓶内(若用50mL比重瓶,装烘干土约12g),称量。

②为排除土中空气,将已装有干土的比重瓶,注蒸馏水至瓶的一半处,摇动比重瓶,土样浸泡20h以上,再将瓶在砂浴中煮沸,煮沸时间自悬液沸腾时算起,砂及低液限黏土应不少于30min,高液限黏土应不少于1h,使土粒分散。注意沸腾后调节砂浴温度,不使土液溢出瓶外。

③如系长颈比重瓶,用滴管调整液面恰至刻度处(以弯月面下缘为准),擦干瓶外及瓶内壁刻度以上部分的水,称瓶、水、土总质量。如系短颈比重瓶,将纯水注满,使多余水分自瓶塞毛细管中溢出,将瓶外水分擦干后,称瓶、水、土总质量,称量后立即测出瓶内水的温度,精确至0.5℃。

④根据测得的温度,从已绘制的温度与瓶、水总质量关系曲线中查得瓶水总质量。如比重瓶体积事先未经温度校正,则立即倒去悬液,洗净比重瓶,注入事先煮沸过且与试验时同温度

---

[1] 旧称"比重"。

的蒸馏水至同一体积刻度处,短颈比重瓶则注水至满,按本试验步骤③调整液面后,将瓶外水分擦干,称瓶、水总质量。

⑤如系砂土,煮沸时砂粒易跳出,允许用真空抽气法代替煮沸法排除土中空气,其余步骤与本试验③、④相同。

⑥对含有某一定量的可溶盐、不亲水性胶体或有机质土,必须用中性液体(如煤油)测定,并用真空抽气法排除土中气体。真空压力表读数宜为100kPa,抽气时间1~2h(直至悬液内无气泡为止),其余步骤同本试验③、④。

本试验称量应精确至0.001g。

(5)结果整理

①用蒸馏水测定时,按式(9-24)计算相对密度。

$$d_s = \frac{m_s}{m_1 + m_s - m_2} \times d_{wt} \tag{9-24}$$

式中:d_s——土的相对密度,计算至0.001;

m_s——干土质量(g);

m_1——瓶、水总质量(g);

m_2——瓶、水、土总质量(g);

d_{wt}——t℃时蒸馏水的相对密度(水的相对密度可查物理手册),准确至0.001。

②用中性液体测定时,按式(9-25)计算相对密度。

$$d_s = \frac{m_s}{m_1' + m_s - m_2'} \times d_{kt} \tag{9-25}$$

式中:d_s——土的相对密度,计算至0.001;

m_1'——瓶、中性液体总质量(g);

m_2'——瓶、土、中性液体总质量(g);

d_{kt}——t℃时中性液体相对密度(应实测),精确至0.001。

(6)精密度和允许差

本试验必须进行两次平行测定,取其算术平均值,以两位小数表示,其平行差值不得大于0.02。

9.2.7 土的承载比(CBR)试验

(1)目的和适用范围

①本试验方法只适用于在规定的试筒内制件后,对各种土和路面基层、地基层材料进行承载比试验。

②试样的最大粒径宜控制在20mm以内,最大不得超过40mm且含量不超过5%。

(2)试验设备

①圆孔筛:孔径40mm、20mm及5mm筛各一个。

②试筒:内径152mm、高170mm的金属圆筒;套环,高50mm;筒内垫块,直径151mm、高50mm;夯击底板,同击实仪。也可以用击实试验的大击实筒。

③夯锤和导管:夯锤的底面直径50mm,总质量4.5kg。夯锤在导管内的总行程为450mm,夯锤的形式和尺寸与重型击实试验法所用夯锤相同。

④贯入杆,端面直径50mm、长约100mm的金属柱。

⑤路面材料强度仪或其他载荷装置:能量不小于50kN,能调节贯入速度至每分钟贯入1mm,可采用测力计式。

⑥百分表:3个。

⑦荷载板:直径150mm,中心孔眼直径52mm,每块质量1.25kg,共四块,并沿直径分为两个半圆块,如图9-8所示。

⑧水槽:浸泡试件用,槽内水面应高出试件顶面25mm。

⑨其他:台秤,感量为试件用量的0.1%。

⑩拌和盘、直尺、滤纸、脱模器等与击实试验相同。

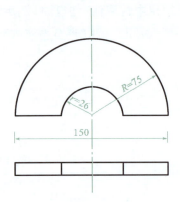

图9-8 荷载板(尺寸单位:mm)

(3)试样

①将具有代表性的风干试料(必要时可在50℃烘箱内烘干),用木碾捣碎,但应尽量注意不使土或粒料的单个颗粒破碎。土团均应捣碎到通过5mm的筛孔。

②采取有代表性的试料50kg,用40mm筛筛除大于40mm的颗粒,并记录超尺寸颗粒的百分数。将已过筛的试料按四分法取出约25kg。再用四分法将取出的试料分成4份,每份质量6kg,供击实试验和制件之用。

③在预定做击实试验的前一天,取有代表性的试料测定其风干含水率。测定含水率用的试样数量可参照表9-5采取。

测定含水率用试样的数量 表9-5

最大粒径(mm)	试样质量(g)	个 数
<5	15~20	2
约5	约50	1
约20	约250	1
约40	约500	1

(4)试验步骤

①称试筒本身质量(m_1),将试筒固定在底板上,将垫块放入筒内,并在垫块上放一张滤纸,安上套环。

②将试料按表9-6中Ⅱ-2规定的层数和每层击数进行击实,求试料的最大干密度和最佳含水率。

击实试验方法种类   表9-6

试验方法	类别	锤底直径 (cm)	锤质量 (kg)	落高 (cm)	试筒尺寸 内径 (cm)	试筒尺寸 高 (cm)	试样尺寸 高度 (cm)	试样尺寸 体积 (cm³)	数层	每层击数	击实功 (kJ/m³)	最大粒径 (mm)
轻型	I-1	5	2.5	30	10	12.7	12.7	997	3	27	598.2	20
	I-2	5	2.5	30	15.2	17	12	2177	3	59	598.2	40
重型	II-1	5	4.5	45	10	12.7	12.7	997	5	27	2687.0	20
	II-2	5	4.5	45	15.2	17	12	2177	3	98	2677.2	40

③将其余3份试料,按最佳含水率制备3个试件。将一份试料平铺于金属盘内,按事先计算的该份试料应加的水量均匀地喷洒在试料上,水量按式(9-26)计算。

$$m_w = \frac{m_i}{1 + 0.01 w_i} \times 0.01 (w - w_i) \tag{9-26}$$

式中:m_w——所需的加水量(g);

m_i——含水率 w_i 时土样的质量(g);

w_i——土样原有含水率(%);

w——要求达到的含水率(%)。

用小铲将试料拌和到均匀状态,然后装入密闭容器或塑料口袋内浸润备用。

浸润时间:重黏土不得少于24h,轻黏土可缩短到12h,砂土可缩短到1h,天然砂砾可缩短到2h左右。

制备每个试件时,都要取样测定试件的含水率。

注:需要时,可制备3种干密度试件。如每种干密度试件制备3个,则共需9个试件。每层击数分别为30次、50次和98次,使试件的干密度从低于95%到等于100%的最大干密度。这样,9个试件共需试料约55kg。

④将试筒放在坚硬的底面上,取制好的试样分3次倒入筒内(视最大料径而定),每层需试样1700g左右(其量应使击实后的试样高出1/3筒高1~2mm)。整平表面,并稍加压紧,然后按规定的击数进行第一层试样的击实,击实时锤应自由垂直落下,锤迹必须均匀分布于试样面上。第一层击实后,将试样层面"拉毛",然后再装入套筒,重复上述方法进行其余每层试样的击实。大试筒击实后,试样不宜高出筒高10mm。

⑤卸下套环,用直刮刀沿试筒顶修平击实的试件,表面不平整处用细料修补。取出垫块,称试筒和试件的质量(m_2)。

⑥泡水测膨胀量的步骤如下:

a. 在试件制成后,取下试件顶面的破残滤纸,放一张好滤纸,并在其上安装附有调节杆的多孔板,在多孔板上加4块荷载板。

b. 将试筒与多孔板一起放入槽内(先不放水),并用拉杆将模具拉紧,安装百分表,并读取初读数。

c. 向水槽内放水,使水自由进到试件的顶部和底部。在泡水期间,槽内水面应保持在试件顶面以上大约25mm。通常试件要泡水4昼夜。

d. 泡水终了时,读取试件上百分表的终读数,并用式(9-27)计算膨胀量。

$$膨胀量 = \frac{泡水后试件高度变化}{原试件高(取120mm)} \times 100\% \quad (9\text{-}27)$$

e. 从水槽中取出试件,倒出试件顶面的水,静置15min,让其排水,然后卸去附加荷载和多孔板、底板及滤纸,并称量(m_3),以计算试件的湿度和密度的变化。

⑦贯入试验步骤如下:

a. 将泡水试验终了的试件放到路面材料强度试验仪的升降台上,调整偏球座,对准、整平并使贯入杆与试件顶面全面接触,在贯入杆周围放置4块荷载板。

b. 先在贯入杆上施加45N荷载,然后将测力和测变形的百分表指针均调整至整数,并记读起始读数。

c. 加荷使贯入杆以1~1.25mm/min的速度压入试件,同时测记三个百分表的读数。记录测力计内百分表某些整读数(如20、40、60)时的贯入量,并注意使贯入量为2.5mm时,能有5个以上的读数。因此,测力计内的第一个读数应是贯入量0.3mm左右。

(5)整理结果

①以单位压力p为横坐标,贯入量l为纵坐标,绘制p-l关系曲线,如图9-9所示。图上曲线1是合适的。曲线2开始端是凹曲线,需要进行修正。修正时在变曲率点引一切线与纵坐标交于O'点,O'即为修正后的原点。

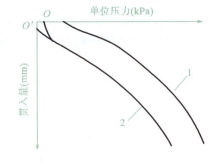

图9-9 单位压力与贯入量的关系曲线

②一般采用贯入量为2.5mm时的单位压力与标准压力之比作为材料的承载比(CBR)。即:

$$GBR = \frac{p}{7000} \times 100\% \quad (9\text{-}28)$$

式中:CBR——承载比(%),计算至0.1;
  p——单位压力(kPa)。

同时计算贯入量为5mm时的承载比:

$$CBR = \frac{p}{10500} \times 100\% \quad (9\text{-}29)$$

如贯入量为5mm时的承载比大于2.5mm时的承载比,则试验应重做。如结果仍然如此,则采用5mm时的承载比。

③试件的湿密度按式(9-30)计算。

$$\rho = \frac{m_2 - m_1}{2177} \tag{9-30}$$

式中:ρ——试件的湿密度(g/cm^3),计算至$0.01g/cm^3$;

m_2——试筒和试件的总质量(g);

m_1——试筒的质量(g);

2177——试筒的容积(cm^3)。

④试件的干密度按式(9-31)计算。

$$\rho_d = \frac{\rho}{1 + 0.01w} \tag{9-31}$$

式中:ρ_d——试件的干密度(g/cm^3),计算至$0.01g/cm^3$;

w——试件的含水率。

⑤泡水后试件的吸水量按式(9-32)计算。

$$w_a = m_3 - m_2 \tag{9-32}$$

式中:w_a——泡水后试件的吸水量(g);

m_3——泡水后试筒和试件的总质量(g);

m_2——试筒和试件的总质量(g)。

(6)精密度和允许差。

如根据3个平行试验结果计算的承载比变异系数$C_v > 12\%$,则去掉一个偏离大的值,取其余两个结果的平均值。如$C_v < 12\%$,且3个平行试验结果计算的干密度偏差小于$0.03g/cm^3$,则取三个结果的平均值;如3个试验结果计算的干密度偏差超过$0.03g/cm^3$,则去掉一个偏离大的值,取其两个结果的平均值。

承载比小于100,相对偏差不大于5%;承载比大于100,相对偏差不大于10%。

单元 10　无机结合料及无机结合料稳定材料试验

10.1　有效氧化钙的测定（T 0811—1994）

1）目的和适用范围

石灰的质量主要取决于有效氧化钙和氧化镁的含量，它们的含量越大，则石灰黏结力越好。本方法适用于测定各种石灰的有效氧化钙含量。

2）仪器设备

（1）筛子:筛孔 2mm 和 0.15mm 筛各一个。

（2）烘箱:50～250℃,1 台。

（3）干燥器:ϕ25cm,1 个。

（4）称取瓶:ϕ30mm×50mm,10 个。

（5）瓷研钵:ϕ12～13mm,1 个。

（6）分析天平:1/10000,1 台。

（7）架盘天平:感量 0.1g,1 台。

（8）玻璃珠:ϕ3mm,1 袋(0.25kg)。

（9）三角瓶:250mL,1 个。

（10）量筒:50mL,1 个。

（11）酸滴定管:50mL,2 支。

（12）滴定架。

3）试剂

（1）蔗糖（分析纯）。

（2）酚酞指示剂:称取 0.5g 酚酞,溶于 50mL95% 乙醇中。

（3）0.1% 甲基橙水溶液:称取 0.05g 甲基橙,溶于 50mL 蒸馏水(40～50℃)中。

（4）0.5N 盐酸标准溶液:将 42mL 浓盐酸（相对密度 1.19）稀释至 1L,经标定后备用。

（5）标定其摩尔浓度:称取已在 180℃烘干 2h 的碳酸钠（优级纯或基准级）,0.8～1.0g（精确至 0.0001g）记为 m,置于 250mL 水中使其完全溶解;然后加入 2～3 滴 0.1% 甲基橙指示剂,记录滴定管中待定标准溶液的体积 V_1,用待定的盐酸标准溶液滴定至碳酸钠溶液由黄色变为橙红色,再用盐酸加至微沸,并保持微沸 3min,然后放在冷水中冷却至室温,如此时橙红色变为黄色,再用盐酸标准溶液滴定,至溶液出现稳定橙红色时为止,记录滴定管中盐酸标准溶液的体积 V_2。V_1、V_2 的差值即为盐酸标准溶液的消耗量 V。

盐酸标准溶液的摩尔浓度按式(10-1)计算:
$$N = m/(V \times 0.053) \tag{10-1}$$
式中:N——盐酸标准溶液的摩尔浓度(mol/L);

m——称取碳酸钠的质量(g);

V——滴定时盐酸标准溶液的消耗量(mL);

0.053——与1.00mL盐酸标准溶液[$C(HCL) = 1.000$mol/L]相当的以克表示的无水碳酸钠的质量。

4)试样准备

(1)生石灰试样:将生石灰样品打碎,使颗粒不大于1.18mm。拌和均匀后用四分法缩减至200g左右,放入瓷研钵中研细。再经四分法缩减几次至剩下20g左右。研磨所得石灰样品,使之通过0.15mm(方孔筛)的筛。从此试样中均匀挑取10g左右,置于称量瓶中,在105℃烘箱内烘至恒量,储于干燥器中,供试验用。

(2)消石灰试样:将消石灰样品用四分法缩减至10g左右。如有大颗粒存在,需在瓷研钵中磨细至无不均匀颗粒存在为止。置于称量瓶中,在105℃烘箱内烘至恒量,储于干燥器中,供试验用。

5)试验步骤

(1)用称量瓶按减量法称取试样约0.5g(准确0.0005g),置于干燥的250mL具塞三角瓶中,取5g蔗糖覆盖在试样表面,投入干玻璃珠15粒。迅速加入新煮沸并已冷却的蒸馏水50mL,立即加塞振荡15min(如有试样结块或粘于瓶壁现象,则应重新取样)。

(2)打开瓶塞,用水冲洗瓶塞及瓶壁,加入2~3滴酚酞指示剂,记录滴定管中盐酸标准溶液体积V_3,然后置于滴定架上,用0.5N盐酸标准溶液滴定(滴定速度以2~3滴/s为宜),至溶液的粉红色显著消失并在30s内不再复现即为终点。

(3)记录滴定管中盐酸标准溶液的体积V_4。V_3、V_4的差值即为盐酸标准溶液的消耗量V_5。

6)计算

按式(10-2)计算有效氧化钙的百分含量:
$$X = (V_5 \times N \times 0.028)/G \times 100\% \tag{10-2}$$
式中:X——有效氧化钙的含量(%);

V_5——滴定时消耗盐酸标准溶液的体积(mL);

N——盐酸标准溶液当量浓度;

0.028——氧化钙毫克当量;

G——试样质量(g)。

7)结果整理

对同一石灰样品至少应做两个试样,进行两次测定,并取两次结果的平均值代表最终结果。石灰中氧化钙和有效钙含量在30%以下的允许重复性误差为0.40,含量30%~50%的为0.50,含量大于50%的为0.60。

10.2 氧化镁的测定(T 0812—1994)

1)目的和适用范围

石灰中有效氧化钙和氧化镁含量越高,石灰黏结力越好。按氧化镁含量可将石灰划分为钙质石灰或镁质石灰。本方法适用于测定各种石灰的总氧化镁含量。

2)仪器设备

(1)电炉:1500W,1个。

(2)石棉网:20cm×20cm。

(3)三角瓶:300mL、250mL,各2个。

(4)容量瓶:250mL、1000mL,各1个。

(5)量筒:200mL、100mL、5mL,各1个。

(6)试剂瓶:250mL、1000mL,若干个。

(7)烧杯:250mL,10个。

(8)棕色广口瓶:60mL,若干个。

(9)大肚移液管:25mL、50mL,各1个。

(10)表面皿:直径7cm,10块。

(11)洗耳球:大、小各1个。

(12)玻璃棒、吸水管数支,试剂勺若干个。

(13)其余同有效氧化钙测定所用仪器。

3)试剂

(1)1:10盐酸:将1体积盐酸(相对密度1.19)用10体积蒸馏水稀释。

(2)氢氧化铵—氯化铵缓冲溶液(pH=10):将67.5g氧化铵溶于300mL无二氧化碳蒸馏水中,加入氢氧化铵(相对密度0.90)570mL,然后用水稀释至1000mL。

(3)酸性铬蓝K—萘酚绿B(1:2.5)混合指示剂:称取0.3g酸性铬蓝K和0.75g萘酚绿B与50g已在105℃温度下烘干的硝酸钾混合研细,保存于棕色广口瓶中。

(4)EDTA二钠(乙二胺四乙酸二钠盐)标准溶液:将10g EDTA二钠溶于温热蒸馏水中,待全部溶解并冷却至室温后,用水稀释至1000mL。

(5)氧化钙标准溶液:精确称取1.7848g在105℃温度下烘干(2h)的碳酸钙(优质纯),置于250mL烧杯中,盖上表面皿,从杯嘴缓慢滴入1:10盐酸100mL,加热溶解,待溶液冷却后,移入1000mL的容量瓶中,用新煮沸冷却后的蒸馏水稀释至刻度摇匀。1mL此溶液相当于1mg氧化钙。

(6)20%氢氧化钠溶液:将20g氢氧化钠溶于80mL蒸馏水中。

(7) 钙指示剂:将 0.2g 钙试剂羟酸钠和 20g 已在 105℃ 温度下烘干的硫酸钾混合研细,保存于棕色广口瓶中。

(8) 10% 酒石酸钾钠溶液:将 10g 酒石酸钾钠溶于 90mL 蒸馏水中。

(9) 三乙醇胺(1:2)溶液:将 1 体积三乙醇胺用 2 体积蒸馏水稀释摇匀。

4) EDTA 标准溶液与氧化镁关系的标定

(1) 精确吸取 $V_1 = 50mL$ 氧化钙标准溶液放入 300mL 三角瓶中,用水稀释至 100mL 左右,然后加入钙指示剂约 0.2g,以 20% 氢氧化钠溶液调整溶液碱度至出现酒红色,再过量加 3~4mL,然后以 EDTA 二钠标准溶液滴定,至溶液由酒红色变成纯蓝色时为止,记录 EDTA 二钠标准溶液滴定体积 V_2。

(2) 以 EDTA 二钠标准溶液对氧化钙的滴定度(T_{cao}),即 1mL EDTA 二钠标准溶液相当于氧化钙的毫克数按式(10-3)计算:

$$T_{cao} = CV_1/V_2 \tag{10-3}$$

式中:C——1mL 氧化钙标准溶液中含有钙的毫克数,等于 1;

V_1——吸取氧化钙标准溶液体积(mL);

V_2——消耗的 EDTA 二钠标准溶液体积(mL)。

5) 准备试样

(1) 生石灰试样:将生石灰样品打碎,使颗粒不大于 1.18mm。拌和均匀后用四分法缩减至 200g 左右,放入瓷研钵中研细。再经四分法缩减几次至剩下 20g 左右。研磨所得石灰样品,使之通过 0.15mm(方孔筛)的筛。从此试样中均匀挑取 10g 左右,置于称量瓶中,在 105℃ 烘箱内烘至恒量,储于干燥器中,供试验用。

(2) 消石灰试样:将消石灰样品用四分法缩减至 10g 左右。如有大颗粒存在,需在瓷研钵中磨细至无不均匀颗粒存在为止。置于称量瓶中,在 105℃ 烘箱内烘至恒量,储于干燥器中,供试验用。

6) 试验步骤

(1) 采用与有效氧化钙测定相同的方法,用称量瓶称取约 $m = 0.5g$(精确至 0.0001g)试样,放入 250mL 烧杯中,用蒸馏水湿润,加 1:10 盐酸 30mL,用表面皿盖住烧杯,用电炉加热近沸并保持微沸 8~10min。用蒸馏水洗净表面皿,洗液倒入烧杯中。冷却后把烧杯内的沉淀及溶液移入 250mL 容量瓶中,加水至刻度,仔细摇匀静置。

(2) 待溶液沉淀后,用移液管吸取 25mL 溶液,放入 250mL 三角瓶中,加 50mL 蒸馏水稀释。然后按顺序加酒石酸钾钠溶液 1mL、三乙醇胺溶液 5mL,再加入氢氧化铵—氯化铵缓冲溶液 10mL(此时待测溶液的 pH≥10)、酸性铬蓝 K—萘酚绿 B 指示剂约 0.1g,此时溶液呈酒红色,记录滴定管中初始 EDTA 二钠标准溶液体积 V_5。

(3) 用 EDTA 二钠标准溶液滴定至溶液由酒红色变为纯蓝色时即为滴定终点,记录 EDTA 标准溶液耗用体积 V_6。V_5、V_6 的差值即为滴定钙镁含量的 EDTA 二钠标准溶液的消耗量 V_3。

(4)再从上述(1)的容量瓶中,用移液管吸取 25mL 溶液,置于 300mL 三角瓶中,加 150mL 蒸馏水稀释。然后依次加入三乙醇胺溶液 5mL、20% 氢氧化钠溶液 5mL(此时待测溶液的 pH≥12),放入约 0.2g 钙指示剂。此时溶液呈酒红色,记录滴定管中初始 EDTA 二钠标准溶液体积 V_7。

(5)用 EDTA 二钠标准溶液滴定,直至溶液由酒红色变为纯蓝色即为滴定终点,记录耗用 EDTA 二钠标准溶液体积 V_8。V_7、V_8 的差值即为滴定钙离子 EDTA 二钠标准溶液的消耗量 V_4。

7)氧化镁含量计算

$$X = [T_{mgO}(V_3 - V_4) \times 10 \times 100]/(m \times 1000) \qquad (10\text{-}4)$$

式中:X——氧化镁的百分含量(%);

T_{mgO}——EDTA 二钠标准溶液对氧化镁的滴定度;

V_3——滴定钙镁含量消耗的 EDTA 二钠标准溶液体积(mL);

V_4——滴定钙消耗的 EDTA 二钠标准溶液体积(mL);

10——总溶液对分取溶液的体积倍数;

m——试样质量(g)。

8)结果整理

对同一石灰样品至少应做两个试样分别进行测定,读数精确至 0.1mL。取两次测定结果的算术平均值作为最终结果。

9)上交资料

每人上交一份氧化镁的测定实训报告。

10.3 粉煤灰二氧化硅、氧化铁和氧化铝含量测定(T 0816—2009)

1)目的和适用范围

本方法适用于测定粉煤灰中二氧化硅、氧化铝和氧化铁的含量。

2)仪器设备

(1)分析天平:不应低于四级,精度至 0.0001g。

(2)氧化铝、铂、瓷坩埚:带盖,容量 15~30mL。

(3)瓷蒸发皿:容量 50~100mL。

(4)马福炉:隔焰加热炉,在炉膛外围进行电阻加热。应使用温度控制器,准确控制炉温,并定期进行校检。

(5)滤纸:无灰的快速、中速、慢速三种型号滤纸。

(6)玻璃容量器皿:滴定管、容量瓶、移液管。

(7)分光光度计:可在 400~700mm 范围内测定溶液的吸光度,带有 10mm、20mm 比色皿。

(8)火焰光度计:带有768nm和589nm的干涉滤光片。

(9)干燥器。

(10)沸水浴。

(11)玻璃棒。

(12)研钵:玛瑙研钵。

(13)精密pH试纸:酸性。

3)试验准备

分析过程中,只应用蒸馏水或同等纯度的水,所用试剂应为分析纯或优级纯试剂。用于标定配制标准溶液的试剂,除另有说明外,均应为基准制剂。

除另外有说明外,"%"表示质量分数。本规程中使用的市售浓度液体试剂具有下列密度 ρ(20℃,单位 g/cm³ 或%):

盐酸(HCL)　　　　　　　　1.18～1.19g/cm³ 或 36%～38%

氢氟酸(HF)　　　　　　　　1.13g/cm³ 或 40%

硝酸(HNO_3)　　　　　　　1.39～1.41g/cm³ 或 65%～68%

硫酸(H_2SO_4)　　　　　　 1.84g/cm³ 或 95%～98%

氨水($NH_3·H_2O$)　　　　　0.90～0.91g/cm³ 或 25%～28%

在化学分析中,所用酸或氨水,凡未注浓度者均指市售的浓度或浓氨水。用体积比表示试剂稀释程度,如盐酸(1+2)表示1份体积的浓盐酸与2份体积的水混合。

(1)盐酸:(1+1),(1+2),(1+4),(1+11),(3+97)。

(2)硝酸:(1+9)。

(3)硫酸:(1+4),(1+1)。

(4)氨水:(1+1),(1+2)。

(5)硝酸银溶液(5g/L):将5g硝酸银($AgNO_3$)溶于水中,加10mL硝酸(HNO_3)用水稀释至1L。

(6)氯化铵(NH_4Cl)。

(7)无水乙醇(C_2H_5OH):体积分数不低于99.5%;乙醇,体积分数95%;乙醇(1+4)。

(8)无水碳酸钠(Na_2CO_3):将无水碳酸钠用玛瑙研钵研细至粉末保存。

(9)1-(2-吡啶偶氮)-2-萘酚(PAN)指示剂溶液:将0.2g PAN溶于100mL 95%(V/V)乙醇中。

(10)钼酸铵溶液(50g/L):将5g钼酸铵[$(NH_4)_6Mo_7O_{24}·4H_2O$]溶于水中,加水稀释至100mL,过滤后储存于塑料瓶中。此溶液可保存约一周。

(11)抗坏血酸溶液(5g/L):将0.5g抗坏血酸(V.C)溶于100mL水中,过滤后使用,用时现配。

(12)氢氧化钾溶液(200g/L):将200g氢氧化钾(KOH)溶于水中,加水稀释至1L,储存于塑料瓶中。

（13）焦硫酸钾（$K_2S_2O_7$）：将市售焦硫酸钾在瓷蒸发皿中加热溶化，待气泡停止后，冷却、砸碎、储存于磨口瓶中。

（14）钙黄绿素—甲基百里香酚蓝—酚酞混合指示剂（简称 CMP 混合指示剂）：称取 1.000g 钙黄绿素、1.000g 甲基百里香酚蓝、0.200g 酚酞与 50g 已在 105℃ 温度下烘干过的硝酸钾（KNO_3）混合研细，保存在磨口瓶中。

（15）碳酸钙标准溶液 [$C(CaCO_3) = 0.024\text{mol/L}$]：称取 $0.6g（m_1）$ 置于 105~110℃ 温度下烘过 2h 的碳酸钙（$CaCO_3$），精确至 0.0001g，置于 400mL 烧杯中，加入 100mL 水，盖上表面皿，沿杯口滴加盐酸（1+1）至碳酸钙全部溶解，加热煮沸数分钟。将溶液冷却至室温，移入 250mL 容量瓶中，用水稀释至标线，摇匀。

（16）EDTA 二钠标准溶液 [$C(EDTA) = 0.015\text{mol/L}$]：

① 标准滴定溶液的配制。称取 EDTA 二钠约 5.6g 置于烧杯中，加入 200mL 水，加热溶解，过滤，用水稀释至 1L。

② EDTA 二钠标准溶液浓度的标定。吸取 25.00mL 碳酸钙标准溶液置于 400mL 烧杯中，加水稀释至约 200mL，加入适量的 CMP 混合指示剂，在搅拌下加入氢氧化钾溶液至出现绿色荧光后，再过量 2~3ml，用 EDTA 二钠标准溶液滴定至绿色荧光消失并呈现红色。

EDTA 二钠标准溶液的浓度按式（10-5）计算。

$$C(EDTA) = (m_1 \times 25 \times 1000)/(250 \times V_4 \times 100.09) = m_1/V_4 \times 1/1.0009 \quad (10\text{-}5)$$

式中：$C(EDTA)$——EDTA 二钠标准溶液的浓度（mol/L）；

V_4——滴定时消耗 EDTA 二钠标准溶液的体积（mL）；

m_1——按配制碳酸钙标准溶液的碳酸钙的质量（g）；

100.09——$CaCO_3$ 的摩尔质量（g/mol）。

③ EDTA 二钠标准溶液对各氧化物滴定度的计算。EDTA 二钠标准溶液对三氧化二铁、三氧化二铝、氧化钙、氧化镁的滴定度分别按式（10-6）~式（10-9）计算：

$$T_{Fe_2O_3} = C(EDTA) \times 79.84 \quad (10\text{-}6)$$

$$T_{Al_2O_3} = C(EDTA) \times 50.98 \quad (10\text{-}7)$$

$$T_{CaO} = C(EDTA) \times 56.08 \quad (10\text{-}8)$$

$$T_{MgO} = C(EDTA) \times 40.31 \quad (10\text{-}9)$$

式中：$T_{Fe_2O_3}$——每毫升 EDTA 二钠标准溶液相当于三氧化二铁的毫克数（mg/mL）；

$T_{Al_2O_3}$——每毫升 EDTA 二钠标准溶液相当于三氧化二铝的毫克数（mg/mL）；

T_{CaO}——每毫升 EDTA 二钠标准溶液相当于氧化钙的毫克数（mg/mL）；

T_{MgO}——每毫升 EDTA 二钠标准溶液相当于氧化镁的毫克数（mg/mL）；

$C(EDTA)$——EDTA 二钠标准溶液的浓度（mol/L）；

79.84——$1/2Fe_2O_3$ 的摩尔质量（g/mol）；

50.98——$1/2Al_2O_3$ 的摩尔质量(g/mol);

56.08——CaO 的摩尔质量(g/mol);

40.30——MgO 的摩尔质量(g/mol)。

(17) pH = 4.3 的缓冲溶液:将 42.3g 无水乙酸钠(CH_3COONa)溶于水中,加 80mL 冰乙酸(CH_3COOH),用水稀释至 1L,摇匀。

(18) 硫酸铜标准溶液[$C(CuSO_4) = 0.015mol/L$]:

①标准溶液的配制:将 3.7g 硫酸铜($CuSO_4·5H_2O$)溶于水中,加 4~5 滴硫酸(1+1),用水稀释至 1L,摇匀。

②EDTA 二钠标准溶液与硫酸铜标准溶液体积比的标定:从滴定管缓慢放出 EDTA 二钠标准溶液[$C(EDTA) = 0.015mol/L$]10~15ml 于 400mL 烧杯中,用水稀释至约 150mL,加 15mL pH = 4.3 的缓冲溶液,加热至沸,取下稍冷,加 5~6 滴 PAN 指示剂溶液,用硫酸铜标准溶液滴定至亮紫色。

EDTA 二钠标准溶液与硫酸铜标准溶液体积比按式(10-10)计算:

$$K_2 = V_5/V_6 \tag{10-10}$$

式中:K_2——每毫升硫酸铜标准溶液相当于 EDTA 二钠标准溶液的毫升数;

V_5——EDTA 二钠标准溶液的体积(mL);

V_6——滴定时消耗硫酸铜标准溶液的体积(mL)。

(19) EDTA—铜溶液:按 EDTA 标准滴定溶液[$C(EDTA) = 0.015mol/L$]与硫酸铜标准滴定溶液[$C(CuSO_4) = 0.015mol/L$]的体积比,准确配制成等浓度的混合溶液。

(20) pH = 3 的缓冲溶液:将 3.2g 无水乙酸钠(CH_3COONa)溶于水中,加 120mL 冰乙酸(CH_3COOH),用水稀释至 1L,摇匀。

(21) 磺基水杨酸钠指示剂溶液:将 10g 磺基水杨酸钠溶于水中,加水稀释至 100mL。

(22) 溴酚蓝指示剂溶液:将 0.2g 溴酚蓝溶于 100mL 乙醇(1+4)中。

(23) 二氧化硅(SiO_2)标准溶液:

①标准溶液的配制。称取 0.2000g 经 1000~1100℃ 新灼烧过 30min 以上的二氧化硅(SiO_2),精确至 0.0001g,置于铂坩埚中,加入 2g 无水碳酸钠,搅拌均匀,在 1000~1100℃ 高温下熔融 15min。冷却,用热水将熔块浸入于盛有 300mL 热水的塑料杯中,待全部溶解后冷却至室温,移入 1000mL 容量瓶中,用水稀释至标线,摇匀,移入塑料瓶中保存。此标准溶液每毫升含有 0.2mg 二氧化硅。

吸取 10.00mL 上述标准溶液于 100mL 容量瓶中,用蒸馏水稀释至标线,摇匀,移入塑料瓶中保存。此标准溶液每毫升含有 0.02mg 二氧化硅。

②工作曲线的绘制。吸取每毫升含有 0.02mg 二氧化硅的标准溶液 0mL、2.00mL、4.00mL、5.00mL、6.00mL、8.00mL、10.00mL 分别放入 100mL 容量瓶中,加蒸馏水稀释至 40mL,依次加入 5mL 盐酸(1+11),8mL 体积分数为 95% 的乙醇、6mL 钼酸铵溶液。放置

30min 后,加入 20mL 盐酸(1+1)、5mL 抗坏血酸溶液,用蒸馏水稀释至标线,摇匀。放置 1h 后,使用分光光度计、10mm 比色皿,以水作参考,于 660mm 处测定溶液的吸光度。用测得的吸光度作为相对应的二氧化硅含量的函数,绘制工作曲线。

4)试验准备

(1)灼烧

将滤纸和沉淀放入预先已灼烧至恒量的坩埚中,烘干。在氧化性气氛中慢慢灰化,不再有火焰产生,灰化至无黑色碳颗粒后,放入马弗炉中,在规定的温度下灼烧。在干燥器中冷却至室温,称量。

(2)检查 Cl^- 离子(硝酸银检验)

按规定洗涤沉淀数次后,用数滴水淋洗漏斗的下端,用数毫升水洗涤滤纸和沉淀,将滤纸收集在试管中,加几滴硝酸银溶液[5g/L:即将 5g 硝酸银($AgNO_3$)溶于水中,加 10mL 硝酸(HNO_3)用水稀释至 1L]。

(3)恒量

经过第一次灼烧、冷却、称量后,通过连续每次 15min 的灼烧,然后用冷却、称量的方法来检查质量是否恒定。当连续两次称量之差小于 0.0005g 时,即达到恒量。

5)试验步骤

(1)二氧化硅的测定(碳酸钠烧结、氯化铵质量法)

粉煤灰以无水碳酸钠烧结,盐酸溶解,加固体氯化铵于沸水浴上加热蒸发,使硅酸凝聚。滤出沉淀用氢氟酸处理后,失去的质量即为胶凝性二氧化硅的质量,加上滤液中比色回收的二氧化硅质量即为二氧化硅的总质量。

①胶凝性二氧化硅的测定:

a. 称取约 0.5g 粉煤灰试样(m_1),精确至 0.0001g,置于坩埚中,将盖斜置于坩埚上,在 950~1000℃温度下灼烧 5min,冷却。用玻璃棒仔细压碎块状物,加入 0.3g±0.01g 无水碳酸钠混匀,再将坩埚置于 950~1000℃温度下灼烧 10min,放冷。

b. 将烧结块移入瓷蒸发皿中,加入少量水润湿,用平头玻璃棒压碎块状物,盖上表面皿,从皿口滴入 5mL 盐酸及 2~3 滴硝酸,待反应停止后取下表面皿,用平头玻璃棒压碎块状物使分解完全,用热盐酸(1+1)清洗坩埚数次,洗液合并于蒸发皿中。将蒸发皿置于沸水浴上,皿上放一玻璃三脚架,再盖上表面皿。蒸发至糊状后,加入 1g 氯化铵,充分搅匀,在沸水浴上蒸发至干后继续蒸发 10~15min,蒸发期间用平头玻璃棒仔细搅拌并压碎大颗粒。

c. 取下蒸发皿,加入 10~20mL 热盐酸(3+97),搅拌使可溶性盐酸类溶解。用中速过滤纸过滤,用胶头扫棒以热盐酸(3+97)擦洗玻璃棒及蒸发皿,并洗涤沉淀 3~4 次,然后用热水充分洗涤沉淀,直至检验无氯离子为止。滤液及洗液保存在 250mL 容量瓶中。

d. 将沉淀连同滤纸一并移入铂坩埚中,将盖斜置于坩埚上,在电炉上干燥挥发完全后放入 950~1000℃的马弗炉内灼烧 1h,取出坩埚置于干燥器中冷却至室温,称量。反复灼烧,直至恒量(m_2)。

e. 向坩埚中加数滴水润湿沉淀,加 3 滴硫酸(1+4)和 10mL 氢氟酸,放入通风橱内电热板上缓慢蒸发至干,升高温度继续加热至三氧化硫白烟完全逸尽。将坩埚放入 950~1000℃ 的马弗炉内灼烧 30min,取出坩埚置于干燥器中冷却至室温,称量。反复灼烧,直至恒量(m_3)。

②经氢氟酸处理后残渣的分解。向经氢氟酸处理后得到的残渣中加入 0.5g 焦硫酸钾熔融,熔块用热水和数滴盐酸(1+1)溶解,溶液并入按上述①分离二氧化硅后得到的滤液和洗液中。用蒸馏水稀释至标线,摇匀。此溶液记为 A,供测定滤液中残留的可溶性二氧化硅、三氧化二铁、三氧化二铝用。

③可溶性二氧化硅的测定(硅钼蓝光度法测定)。从溶液 A 中吸取 25.00mL 溶液放入 100mL 容量瓶中,用水稀释至 40mL,依次加入 5mL 盐酸(1+11)、8mL 95%(V/V)乙醇、6mL 钼酸铵溶液,放置 30min 后加入 20mL 盐酸(1+1)、5mL 抗坏血酸溶液,用水稀释至标线,摇匀。放置 1h 后,使用分光光度计、10mm 比色皿,以蒸馏水作为参比,于 660mm 处测定溶液的吸光度。在工作曲线上查出二氧化硅的含量(m_4)。

④计算。

胶凝性二氧化硅的质量百分数 $X_{胶凝性SiO_2}$ 按式(10-11)计算:

$$X_{胶凝性SiO_2} = (m_2 - m_3)/m_1 \times 100\% \tag{10-11}$$

式中:$X_{胶凝性SiO_2}$——纯二氧化硅的质量百分数(%);

m_2——灼烧后未经氢氟酸处理的沉淀及坩埚的质量(g);

m_3——用氢氟酸处理并经灼烧后的残渣及坩埚的质量(g);

m_1——粉煤灰的质量(g)。

可溶性二氧化硅的质量百分数 $X_{可溶性SiO_2}$ 按式(10-12)计算:

$$X_{可溶性SiO_2} = m_4/m_1 \tag{10-12}$$

式中:$X_{可溶性SiO_2}$——可溶性二氧化硅的质量百分数(%);

m_4——按步骤③测定的 100mL 溶液中二氧化硅的含量(g);

m_1——粉煤灰的质量(g)。

⑤SiO_2 总含量的计算:

$$X_{总SiO_2} = X_{胶凝性SiO_2} + X_{可溶性SiO_2} \tag{10-13}$$

⑥结果整理。

以两次平行试验结果的算术平均值表示测定结果。

允许差:同一实验室的允许差为 0.15%,不同实验室的允许差为 0.20%。

(2)三氧化二铁的测定

①目的和适用范围。在 pH 值为 1.8~2.0、温度为 60~70℃ 的溶液中,以磺基水杨酸钠为指示剂,用 EDTA 标准滴定溶液滴定。

②操作流程。从溶液 A 中吸取 25.00mL 溶液放入 300mL 烧杯中,加蒸馏水稀释至约 100mL,用氨水(1+1)和盐酸(1+1)调节溶液 pH 值在 1.8~2.0 之间(用精密 pH 试纸检验)。将溶液加热至 70℃,加 10 滴磺基水杨酸钠指示剂溶液,此时溶液为紫红色。用 EDTA 标准溶液 [C(EDTA) =0.015mol/L]缓慢地滴定至亮黄色(终点时溶液温度应在 60~70℃)。保留此溶液供测定三氧化二铝用。

③计算。

三氧化二铁的质量百分数 $X_{Fe_2O_3}$ 按式(10-14)计算:

$$X_{Fe_2O_3} = (T_{Fe_2O_3} \times V_1 \times 10)/(1000 \times m_1) \times 100\% = (T_{Fe_2O_3} \times V_1)/m_1 \quad (10\text{-}14)$$

式中:$X_{Fe_2O_3}$——三氧化二铁的质量百分数(%);

$T_{Fe_2O_3}$——每毫升 EDTA 标准溶液相当于三氧化二铁的毫克数(mg/mL);

V_1——滴定时消耗的 EDTA 标准溶液体积(mL);

m_1——粉煤灰的质量(g)。

④结果整理。以两次平行试验结果的算术平均值作为测定结果。

允许差:同一实验室的允许差为 0.15%,不同实验室的允许差为 0.20%。

(3)三氧化二铝的测定

①目的和适用范围。将滴定三氧化二铁后的溶液 pH 值调整至 3,在煮沸下用 EDTA—铜溶液和 PAN 为指示剂,用 EDTA 标准溶液滴定。

②操作流程。将测完三氧化二铁的溶液用水稀释至约 200mL,加 1~2 滴定溴酚蓝指示剂溶液,滴加氨水(1+1)至溶液出现蓝紫色,再滴加盐酸(1+1)至黄色,加入 15mL pH=3 的缓冲溶液,加热至微沸并保持 1min,加入 10 滴 EDTA—铜溶液及 2~3 滴 PAN 指示剂溶液,用 EDTA 标准溶液[C(EDTA) =0.015mol/L]滴定至红色消失,继续煮沸,滴定,直至溶液经煮沸后红色不再出现而呈稳定的亮黄色为止。记下 EDTA 标准溶液消耗量 V_3。

③计算。三氧化二铝的质量百分数 $X_{Al_2O_3}$ 按式(10-15)计算:

$$X_{Al_2O_3} = (T_{Al_2O_3} \times V_3 \times 10)/(m_1 \times 1000) \times 100\% = (T_{Al_2O_3} \times V_3)/m_1 \quad (10\text{-}15)$$

式中:$X_{Al_2O_3}$——三氧化二铝的质量百分数(%);

$T_{Al_2O_3}$——每毫升 EDTA 标准溶液相当于三氧化二铝的毫克数(mg/mL);

V_3——滴定时消耗的 EDTA 标准溶液体积(mL);

m_1——粉煤灰的质量(g)。

④结果整理。

以两次平行试验结果的算术平均值作为测定结果。

允许差:同一实验室的允许差为 0.15%,不同实验室的允许差为 0.20%。

10.4 粉煤灰烧失量测定(T 0817—2009)

1)目的和适用范围

本方法将试样在 950~1000℃ 的马弗炉中灼烧,驱除水分和二氧化碳,同时将存在的易氧化元素氧化。由硫化物的氧化引起的烧失量误差必须进行校正,其他元素存在引起的误差一般可忽略不计。

2) 仪器设备

(1) 天平:不应低于四级,精度至 0.0001g。

(2) 铂、银或瓷坩埚:带盖,容量 15~30mL。

(3) 马弗炉:隔焰加热炉,在炉膛外围进行电阻加热。应使用温度控制器,准确控制炉温,并定期进行校验。

3) 试验方法与步骤

(1) 将粉煤灰样品用四分法缩减至 10g 左右,如有大颗粒存在,须在研钵中磨细至无不均匀颗粒存在为止,置于小烧杯中在 105~110℃ 温度下烘干至恒量,储于干燥器中,供试验用。

(2) 将瓷坩埚灼烧至恒量,供试验用。

(3) 称取约 1g 试样(m_0),精确至 0.0001g,置于已灼烧至恒量的瓷坩埚中,放在马弗炉内从低温开始逐渐升高温度,在 950~1000℃ 下灼烧 15~20min,取出坩埚置于干燥器中冷却至室温,称量。反复灼烧,直至连续两次称量之差小于 0.0005g 时,即达到恒量。记录每次称量的质量。

4) 计算

粉煤灰烧失量的质量百分数 X_{LOI} 按式(10-16)计算,精确至 0.1%。

$$X_{LOI} = (m_0 - m_n)/m_0 \times 100\% \tag{10-16}$$

式中:X_{LOI}——粉煤灰烧失量的质量百分数(%);

m_0——粉煤灰试样的质量(g);

m_n——灼烧后粉煤灰试样的质量(g)。

以两次平行试验结果的算术平均值表示测定结果。

5) 结果整理

(1) 试验结果精确至 0.01%。

(2) 平行试验两次,允许重复性误差为 0.15%。

10.5 粉煤灰细度试验(T 0818—2009)

1) 目的和适用范围

测定粉煤灰的颗粒级配,粉煤灰的颗粒越细,其表面积越大,其活性越强,从而增加混合料的抗压强度。

2) 仪器设备

(1) 负压筛析仪:主要由 0.075mm 方孔筛、0.3mm 方孔筛、筛座、真空源和收尘器等组成。

(2) 电子天平:量程不小于 50g,感量 0.01g。

(3)烘箱:能控温在105～110℃之间。

3)试验步骤

(1)粉煤灰试样置于105～110℃烘箱内烘干至恒量,取出放在干燥器中冷却至室温。

(2)称取试样约10g,精确至0.01g,记录试样质量m_2,倒在0.075mm方孔筛网上,将筛子置于筛座上,盖上筛盖。

(3)接通电源,将定时开关固定在3min,开始筛析。

(4)开始工作后,观察负压表,使负压稳定在4000～6000Pa。

(5)在筛析过程中,可用轻质木棒或硬橡胶棒轻轻敲打筛盖,以防吸附。

(6)3min后筛析自动停止,停机后观察筛余物,如出现颗粒成球,黏筛或有细颗粒沉积在筛框边缘,用毛刷将细颗粒轻轻刷开,将定时开关固定在手动位置,再筛析1～3min直至筛分彻底为止。将筛网内的筛余物收集并称量,精确至0.01g,记录筛余物质量m_1。

(7)称取试样约100g,精确至0.01g,记录试样质量m_3,倒入0.3mm方孔筛网上,使粉煤灰在筛面上同时有水平方向及上下方向不停留的运动,使小于筛孔的粉煤灰通过筛孔,直至1min内通过筛孔的质量小于筛上残余量的0.1%为止。记录筛子上面粉煤灰的质量为m_4。

4)计算

粉煤灰过0.075mm筛或0.3mm筛的百分率按式(10-17)、式(10-18)计算,精确至0.01%。

$$X_1 = (m_2 - m_1)/m_2 \times 100\% \tag{10-17}$$

$$X_2 = (m_3 - m_4)/m_3 \times 100\% \tag{10-18}$$

式中:X_1——粉煤灰中小于0.075mm的含量通过率(%);

X_2——粉煤灰中小于0.3mm的含量通过率(%);

m_1——0.075mm方孔筛筛余物质量(g);

m_2——过0.075mm方孔筛样品质量(g);

m_3——过0.3mm方孔筛样品质量(g);

m_4——0.3mm方孔筛筛余物质量(g)。

5)结果整理

以三次平行试验结果的算术平均值作为试验结果,通过率相差不得大于5%。

10.6 无机结合料稳定土无侧限抗压强度试验(T 0805—1994)

1)目的和适用范围

为路面施工中无机结合料细粒土、中粒土和粗粒土配合比设计提供数据,同时也可用此方法检验路面结构强度是否满足要求。

2)仪器设备

(1)圆孔筛:孔径40mm、25mm(或20mm)及5mm的筛各一个。

(2)试模:适用于下列不同土的试模尺寸如下:
①细粒土(最大粒径不超过10mm):试模的直径×高=50mm×50mm。
②中粒土(最大粒径不超过25mm):试模的直径×高=100mm×100mm。
③粗粒土(最大粒径不超过40mm):试模的直径×高=150mm×150mm。
(3)脱模器。
(4)反力框架:规格为400kN以上。
(5)液压千斤顶:200~1000kN。
(6)夯锤与导管:夯锤底面直径50mm,总质量4.5kg。夯锤在导管内的总行程为450mm。
(7)密封湿气箱或湿气池,设在能保持恒温的小房间内(约6~8m^2,高2m。热天用空调保持恒温,冷天用温度控制器或电炉保持恒温)。
(8)水槽:深度应不大于试件高度50mm。
(9)路面材料强度试验仪或其他合适的压力机(不大于200kN)。
(10)天平:感量0.01g。
(11)台秤:称量10kg,感量5g。
(12)量筒、拌和工具、漏斗、大小铝盒、烘箱等。

3)试验步骤

(1)试验准备

将有代表性的风干试样(必要时也可以在50℃烘箱内烘干),用木槌或木碾捣碎,但应避免破碎粒料的原粒径。将土过筛并进行分类。如试样为粗粒土,则除去大于40mm的颗粒备用;如试样为中粒土,则除去大于25mm或20mm的颗粒备用;如试样为细粒土,则除去大于10mm的颗粒备用。

在预定做试验的前一天,取有代表性的试样测定其风干含水量。对细粒土,试样应不少于100g;对粒径小于25mm的中粒土,试样应不少于1000g;对于粒径小于40mm的粗粒土,试样应不少于2000g。

用击实试验法确定无机结合料混合料的最佳含水率和最大干密度。

(2)试验步骤

①试件制作。

a. 同一无机结合料剂量的混合料,应在相同试验状态下制作成规定数量的试件;无机结合料稳定细粒土至少制作6个试件;无机结合料稳定中粒土和粗粒土至少分别制作9个和13个试件。

b. 制作步骤:

称取一定数量的风干土并计算土的干质量,按试件尺寸的大小称取不同的数量;对于50mm×50mm的试件,1个试件约需干土180~210g;对于100mm×100mm的试件,1个试件约需干土1700~1900g;对于150mm×150mm的试件,1个试件约需干土5700~6000g。

细粒土一次可称取 6 个试件的土,中粒土一次可称取 3 个试件的土,粗粒土一次只能称取 1 个试件的土。

将称好的土放在长方盘(约 400mm×600mm×70mm)内。向土中加水,对于细粒土(特别是黏性土)使其含水率较最佳含水率小 3%,对于中粒土和粗粒土可按最佳含水率加水。将土和水拌和均匀后放在密封容器内浸润备用。如为石灰稳定土和水泥、石灰中和稳定土,可将石灰与土一起拌匀后进行浸润。

浸润时间:黏性土 12~24h;粉性土 6~8h;砂砾土、红土砂砾、级配砂砾等可缩短到 4h 左右,含土很少的未筛分碎石、砂砾及砂可以缩短到 2h。

在浸润过的试验中,加入预定数量的水泥或石灰并拌和均匀。拌和过程中,应预留 3% 的水(对于细粒土)加入土中,使混合料的含水率达到最佳含水率。拌和均匀加入水泥的混合料应在 1h 内按下述方法制成试件,超过 1h 的混合料应该作废。其他结合料稳定土混合料虽不受限制,但也应尽快制成试件。

按预定的干密度制件:用反力框架和液压千斤顶制件。制备一个预定干密度的试件,需要的稳定土混合料数量 m_1(g)随试模的尺寸而变。

$$m_1 = \rho_d V(1+w) \tag{10-19}$$

式中:V——试模的体积;

w——稳定土混合料的含水率(%);

ρ_d——稳定土试件的干密度(g/cm³)。

事先在试模的内壁及上下压柱的底面涂一薄层机油。将试模的下压柱放入试模的下部,外露 2cm 左右。将称量的规定数量 m_2(g)的稳定土混合料分 2~3 次灌入试模中(利用漏斗),每次放入后用夯棒轻轻均匀插实。如制作的是 50mm×50mm 小试件,则可将混合料一次倒入试模中。然后将上压柱放入试模内,应使其也外露 2cm 左右(即上下压柱露出试模外的部分应该相等)。

整个试模(连同上下压柱)放到反力框架内的液压千斤顶上(液压千斤顶下应放一扁球座),加压直到上下压柱都压入试模为止。维持压力 1min。解除压力后,拿去上压柱,并放到脱模器上将试件顶出(利用千斤顶和下压柱)。称出试件的质量 m_2,小试件精确到 1g,中试件精确到 2g,大试件精确到 5g。然后用游标卡尺量出试件的高度,精确到 0.1mm。

用击锤制件,步骤同前。只是用击锤(可以利用做击实试验的锤,但压柱顶面需要垫一块牛皮或胶皮,以保护锤面和压柱顶面不受损伤)将上下压柱打入试模内。

养生:试件从试模内脱出并称量后,应立即放到密封湿气箱和恒温室内进行保温保湿养生。但中试件和大试件应先用塑料薄膜包裹。有条件时,可封蜡保湿养生。养生试件根据需要而定,作为工地控制,通常只取 7d。整个养生期间的温度,在北方地区应保持 20℃±2℃,在南方地区应保持 25℃±2℃。

养生期的最后一天,应将试件浸泡在水中,水深应使水面在试件顶上约 2.5cm,浸泡在水中之前，应再次称试件的质量 m_3。在养生期间，试件的质量损失应该符合下列规定：小试件不超过 1g，中试件不超过 4g，大试件不超过 10g。质量损失超过此规定的试件，应该作废。

②无侧限抗压强度试验。

a. 将已浸水一昼夜的试件从水中取出，用软的旧布吸去试件表面的可见自由水，并称试件的质量 m_4。

b. 用游标卡尺量试件的高度，精确到 0.1mm。

c. 将试件放在路面材料强度试验仪的升降台上（台上先放一扁球座），进行抗压试验。试验过程中，应使试件的形变等速增加，并保持形变速率约为 1mm/1min。记录试件破坏时的最大压力 $P(\text{N})$。

d. 从试件内部取有代表性的样品（经过打破），测定其含水率 w_1。

e. 试件的无侧限抗压强度 R_e，用下列相应公式计算：

对于小试件

$$R_e = P/A = 0.00051P(\text{MPa}) \tag{10-20}$$

对于中试件

$$R_e = P/A = 0.000127P(\text{MPa}) \tag{10-21}$$

对于大试件

$$R_e = P/A = 0.000057P(\text{MPa}) \tag{10-22}$$

式中：P——试件破坏时的最大压力（N）；

A——试件的截面积（m^2），$A = \pi \times D^2/4$，D 为试件直径（mm）。

f. 精密度或允许差：若干次平行试验的偏差系数 $C_v(\%)$ 应符合下列规定：小试件不大于 10%，中试件不大于 15%，大试件不大于 20%。

4）结果整理

试验报告应包括以下内容：

(1) 材料的颗粒组成。

(2) 水泥的分类和强度等级或石灰的等级。

(3) 确定最佳含水率时的结合料用量以及最佳含水率（%）和最大干密度（g/cm^3）。

(4) 石灰或水泥剂量（%）或石灰（或水泥）、粉煤灰和集料的比例。

(5) 试件的干密度（精确到 0.01g/cm^3）或压实度。

(6) 吸水量以及测抗压强度时的含水率（%）。

(7) 抗压强度：小于 2.0MPa 时，采用两位小数，并用偶数表示；大于 2.0MPa 时，采用一位小数。

(8) 若干个试验结果的最大值和最小值、平均值 $\overline{R}_e$、标准差 S、偏差系数 C_v 和 95% 的概率值 $R_{e0.95} = \overline{R}_e - 1.645S$。

10.7 水泥和石灰稳定土中水泥或石灰剂量的测定方法(EDTA 滴定法) (T 0809—2009)

1)目的和适用范围

(1)本试验采用 EDTA 滴定法,该方法适用于在工地上快速测定水泥和石灰稳定土中水泥或石灰的剂量,并用以检查拌和的均匀性。用于稳定的土可以是细粒土,也可以是中粒土或粗粒土。

(2)本方法不受水泥和石灰稳定土龄期(7d 以内)的影响。工地水泥和石灰稳定土含水率的少量变化(±2%),实际上不影响测定结果。用本方法进行一次剂量测定,只需 10min 左右。

(3)本法也可以用来测定水泥或石灰综合稳定土中结合料的剂量。

2)仪器设备

(1)滴定管(酸式)50mL,1 支;滴定管夹,1 个。

(2)滴定台,1 个。

(3)大肚移液管:10mL、50mL,10 支。

(4)锥形瓶(及三角瓶):200mL,20 个。

(5)烧杯 2000mL(或 1000mL),1 只;300mL,10 只。

(6)容量瓶:1000mL,1 个。

(7)搪瓷杯:容量大于 1200mL,10 只。

(8)不锈钢棒(或粗玻璃棒):10 只。

(9)量筒:100mL 和 5mL 各一只;50mL,2 只。

(10)棕色广口瓶:60mL,1 只(装钙红指示剂)。

(11)电子天平:量程不小于 1500g,感量 0.01g。

(12)表面皿:ϕ9cm,10 个;研钵,ϕ12~13cm,1 个。

(13)精密试纸:pH = 12~14。

(14)土样筛:筛孔 2.0mm 或 2.5mm,1 个。

(15)洗耳球(1 两或 2 两),1 个。

(16)聚乙烯桶 20L,1 个(装蒸馏水);10L,2 个(装氯化铵及 EDTA 二钠标准液);5L,1 个(装氢氧化钠)。

(17)洗瓶(塑料)500mL,1 只。

3)试剂

(1)0.1mol/m³ 乙二胺四乙酸二钠(简称 EDTA 二钠)标准液:准确称取 EDTA 二钠(分析纯)37.226g,用 40~50℃ 的无二氧化碳蒸馏水溶解,待全部溶解并冷至室温后,定容至 1000mL。

(2)10%氯化铵(NH_4Cl)溶液:将500g氯化铵(分析纯或化学纯)放在10L的聚乙烯桶内,加入蒸馏水4500mL,充分振荡,使氯化铵完全溶解。也可以分批在1000mL的烧杯内配制,然后倒入塑料桶内摇匀。

(3)1.8%氢氧化钠(内含三乙醇胺)溶液:用电子天平称18g氢氧化钠(分析纯),放入洁净干燥的1000mL烧杯中,加1000mL蒸馏水使其全部溶解,待溶液冷至室温后,加入2mL三乙醇胺(分析纯),搅拌均匀后储于塑料桶中。

(4)钙红指示剂:将0.2g钙试剂羧酸钠(分子式$C_{21}H_{13}O_7N_2SNa$,分子量460.39)与20g预先在105℃烘箱中烘1h的硫酸钾混合。一起放入研钵中,研成极细粉末,储于棕色广口瓶中,以防吸潮。

4)准备标准曲线

(1)取样:取工地用石灰和集料,风干后分别过2mm或2.5mm筛,用烘干法或酒精法测其含水率(如为水泥,可假定其含水率为0%)。

(2)混合料组成的计算:

①公式:

$$干料质量 = 湿料质量/(1 + 含水率)$$

②计算步骤:

a. 干混合料质量 = 湿混合料质量/(1 + 最佳含水率);

b. 干土质量 = 干混合料质量/[1 + 石灰(或水泥)剂量];

c. 干石灰(或水泥)质量 = 干混合料质量 − 干土质量;

d. 湿土质量 = 干土质量 × (1 + 土的风干含水率);

e. 湿石灰质量 = 干石灰 × (1 + 石灰的风干含水率);

f. 石灰土中应加入的水 = 湿混合料质量 − 湿土质量 − 湿石灰质量。

(3)准备5种试样,每种2个样品(以水泥集料为例)。

第一种:称2份300g集料分别放在2个搪瓷杯内,集料的含水率应等于工地预期达到的最佳含水率。集料中所加的水应与工地所用的水相同(300g为湿质量)。

第二种:准备2份水泥剂量为2%的水泥土混合料试样,每份均重300g,并分别放在2个搪瓷杯内。水泥土混合料的含水率应等于工地预期达到的最佳含水率。混合料中所加的水应与工地所用的水相同。

第三~五种:各准备2份水泥剂量分别为4%、6%、8%的水泥土混合料试样,每份均重300g,应分别放在6个搪瓷杯内,其他要求同第一种。

(4)取一个盛有试样的盛样器,在盛样器内加入2倍试样质量(湿料质量)10%氯化铵溶液[如湿料质量300g,则氯化铵溶液600mL,用不锈钢搅拌棒充分搅拌3min(每分钟搅110~120次);如湿料质量1000g,则氯化铵溶液2000mL,搅拌5min]。若为水泥(或石灰)稳定细粒土,则也可以用1000mL具塞三角瓶代替搪瓷杯,手握三角瓶(瓶口向上)用力振荡3min(每分钟 120 次 ±5 次),以代替搅拌棒搅拌。放置沉淀 4min[如 4min 后得到的是混浊悬浮液,则应增加放置沉淀时间,直到出现澄清悬浮液为止,并记录所需的时间,以后所有该种水泥(或石灰)稳定材料的试验,均以同一时间为准],然后将上部清液转移到 300mL 烧杯中,搅匀,加盖表面皿待测。

(5)用移液管吸取上层(液面下 1~2cm)悬浮液 10mL 放入 200mL 的三角瓶内,用量筒量取 50mL1.8% 氢氧化钠(内含三乙醇胺)溶液倒入三角瓶中,此时溶液 pH 值为 12.5~13.0(可用 pH 值为 12~14 精密试纸检验),然后加入钙红指示剂(质量约为 0.2g),摇匀,溶液呈玫瑰红色。用 EDTA 二钠标准液滴定至纯蓝色,记录 EDTA 二钠的耗量(以 mL 计,精确至 0.1mL)。

(6)对其他几个搪瓷杯中的试样,用同样的方法进行试验,并记录各自 EDTA 二钠的耗量。

(7)以同一水泥或石灰剂量稳定材料消耗的 EDTA 二钠毫升数的平均值为纵坐标,以水泥或石灰剂量(%)为横坐标制图。两者的关系应是一根顺滑的曲线。如素集料、水泥或石灰改变,必须重做标准曲线。

5)试验步骤

(1)选取有代表性的水泥或石灰稳定细粒土,称 300g 放在搪瓷杯中,用搅拌棒将结块搅散,加 600mL10% 氯化铵溶液,然后按照如前述步骤进行试验。

(2)利用所绘制的标准曲线,根据所消耗的 EDTA 二钠毫升数,确定混合料中的水泥或石灰剂量。

参 考 文 献

[1] 米文瑜.土木工程材料试验指导书[M].北京:人民交通出版社,2007.
[2] 交通运输部公路科学研究所.JTG E42—2005 公路工程集料试验规程[S].北京:人民交通出版社,2005.
[3] 中交第二公路勘察设计研究院.JTG E41—2005 公路工程岩石试验规程[S].北京:人民交通出版社,2005.
[4] 交通运输部公路科学研究所.JTJ 057—2000 公路工程无机结合料稳定材料试验规程[S].北京:人民交通出版社,1994.
[5] 中国国家标准化管理委员会.GB 175—2007 通用硅酸盐水泥.北京:中国国家标准管理委员会,2007.
[6] 交通运输部公路科学研究所.JTG E30—2005 公路工程水泥及水泥混凝土试验规程[S].北京:人民交通出版社,2005.
[7] 交通运输部公路科学研究所.JTJ 051—2007 公路土工试验规程[S].北京:人民交通出版社,2007.

土木工程试验实训
指导报告册

目　　录

水泥细度试验报告 …………………………………………………………………… 1
水泥标准稠度用水量试验报告 ……………………………………………………… 2
水泥凝结时间试验报告 ……………………………………………………………… 3
水泥安定性试验报告 ………………………………………………………………… 4
水泥胶砂强度试验报告 ……………………………………………………………… 5
水泥胶砂流动度试验报告 …………………………………………………………… 6
细集料表观密度(容量瓶)试验报告 ………………………………………………… 7
细集料堆积密度试验报告 …………………………………………………………… 8
细集料筛分试验报告 ………………………………………………………………… 9
细集料含水率试验报告 ……………………………………………………………… 10
细集料含泥量试验报告 ……………………………………………………………… 11
细集料泥块含量试验报告 …………………………………………………………… 12
粗集料筛分试验报告 ………………………………………………………………… 13
粗集料表观密度试验报告 …………………………………………………………… 14
粗集料堆积密度试验报告 …………………………………………………………… 15
粗集料含泥量试验报告 ……………………………………………………………… 16
粗集料泥块含量试验报告 …………………………………………………………… 17
粗集料针片状颗粒总含量试验报告 ………………………………………………… 18
粗集料压碎值试验报告 ……………………………………………………………… 19
混凝土坍落度试验报告 ……………………………………………………………… 20
普通混凝土表观密度试验报告 ……………………………………………………… 21
普通混凝土抗压强度试验报告 ……………………………………………………… 22
水泥砂浆稠度试验报告 ……………………………………………………………… 23
建筑砂浆分层度试验报告 …………………………………………………………… 24
水泥砂浆抗压强度试验报告 ………………………………………………………… 25
钢筋拉伸试验报告 …………………………………………………………………… 26
钢筋冷弯试验报告 …………………………………………………………………… 27
沥青针入度试验报告 ………………………………………………………………… 28
沥青延度试验报告 …………………………………………………………………… 29
沥青软化点试验报告 ………………………………………………………………… 30
土含水率试验报告 …………………………………………………………………… 31

土的液塑限联合测定试验报告 …………………………………………………… 32
土颗粒分析试验报告 ……………………………………………………………… 33
土标准击实试验报告 ……………………………………………………………… 34
压实度试验报告(灌砂法) ………………………………………………………… 35
石灰试验报告(有效氧化钙的测定) ……………………………………………… 36
石灰试验报告(有效氧化镁的测定) ……………………………………………… 37
粉煤灰细度试验报告 ……………………………………………………………… 38
无机结合料稳定土试验报告(水泥或石灰剂量测定方法) ……………………… 39

水泥细度试验报告

试验日期		班级		成绩	
组别		姓名			

试验目的	
主要仪器设备	
主要试验步骤	

试验次数	试样质量（g）	筛余质量（g）	筛余百分率（％）	平均值（％）

备注	

结论

水泥标准稠度用水量试验报告

试验日期		班级		成绩	
组别		姓名			

试验目的	
主要仪器设备	
主要试验步骤	

试验次数	试样质量（g）	试杆距底板(6mm±1mm 范围内)距离（mm）	用水量（mL）	标准稠度（%）

备注	
结论	

水泥凝结时间试验报告

试验日期		班级		成绩	
组别		姓名			

试验目的	

主要仪器设备	

主要试验步骤	

试样编号	加水时间	初凝时间： min 试针距离底板 4mm±1mm 的时间：	终凝时间： min 试针沉入净浆 0.5mm 的时间：

备注	

结论	

水泥安定性试验报告

试验日期		班级		成绩	
组别		姓名			

试验目的	

主要仪器设备	

主要试验步骤	

试样编号	尖端距离(mm)		沸煮后距离(mm)		差值(mm)	
	A_1		C_1		C_1-A_1	
	A_2		C_2		C_2-A_2	

备注	

结论

沸煮前试饼情况：直径为　　　　，厚度约为
沸煮后目测试饼情况：

结论

水泥胶砂强度试验报告

试验日期		班级		成绩	
组别		姓名			

试验目的	
主要仪器设备	

成型三条试件所需材料用量		
水泥	中国标准砂(g)	水(mL)

龄期	3d	28d
试验日期		

抗折强度	编号	破坏荷载（kN）	抗折强度（MPa）	破坏荷载（kN）	抗折强度（MPa）
	1				
	2				
	3				
	平均值				

抗压强度	破坏荷载（kN）				
	平均	荷载（kN）			
		强度（MPa）			

备注	
结论	

水泥胶砂流动度试验报告

试验日期		班级		成绩	
组别		姓名			
试验目的					
主要仪器设备					
主要试验步骤					
试样编号	水泥质量（g）	用水量（mL）	标准砂用量（g）	最大扩散直径（mm）	与最大扩散直径垂直直径（mm）	平均值（mm）
备注						
结论						

细集料表观密度(容量瓶)试验报告

试验日期		班级		成绩	
组别		姓名			
试验目的					
主要仪器设备					
主要试验步骤					

试验次数	干燥砂重(g)	试样、水与容量瓶总质量(g)	水与容量瓶总质量(g)	水温修正系数 α_t	表观密度(kg/m³)	平均值(kg/m³)

备注	
结论	

细集料堆积密度试验报告

试验日期		班级		成绩	
组别		姓名			
试验目的					
主要仪器设备					
主要试验步骤					

试验次数		容量筒容积 V (L)	容量筒质量 m_1 (g)	容量筒、砂总质量 m_2 (g)	砂质量 m (g)	堆积密度 ρ_1 (kg/m³)	平均值 (kg/m³)
自然堆积密度	1						
	2						
紧密堆积密度	1						
	2						
备注							
结论							

细集料筛分试验报告

试验日期		班级		成绩	
组别		姓名			

试验目的	
主要仪器设备	

试样总质量(g)			分计筛余(%)		累计筛余(%)		平均累计筛余(%)
筛孔尺寸(mm)	分计筛余量(g)						
	I	II	I	II	I	II	
9.5							
4.75							
2.36							
1.18							
0.6							
0.3							
0.15							
筛底							

第一次试验细度模数为：

$M_{x1} =$

第二次试验细度模数为：

$M_{x2} =$

两次细度模数差值：$|M_{x1} - M_{x2}| =$

平均值：$M_x =$

结论

细集料含水率试验报告

试验日期		班级		成绩	
组别		姓名			

试验目的	
主要仪器设备	
主要试验步骤	

试验次数	容器质量 m_0（g）	容器与烘干前试样总质量 m_2（g）	容器与烘干后试样总质量 m_1（g）	含水率（％）	平均值（％）
1					
2					
备注					
结论					

细集料含泥量试验报告

试验日期		班级		成绩	
组别		姓名			

试验目的	
主要仪器设备	
主要试验步骤	

试验次数	洗前烘干试样与浅盘总质量（g）	洗后烘干试样与浅盘总质量（g）	浅盘质量（g）	含泥量（%）	平均值（%）
1					
2					

备注	
结论	

细集料泥块含量试验报告

试验日期		班级		成绩	
组别		姓名			

试验目的	
主要仪器设备	
主要试验步骤	

试验次数	洗前烘干试样与浅盘总质量（g）	洗后烘干试样与浅盘总质量（g）	浅盘质量（g）	泥块含量（％）	平均值（％）
1					
2					

备注	
结论	

细集料筛分试验报告

试验日期		班级		成绩	
组别		姓名			
试验目的					

干燥试样总质量 m_0(g)	第一组			第二组			累计筛余百分率平均值(%)	规范值(%)
筛孔尺寸(mm)	筛上质量(g)	分计筛余(%)	累计筛余(%)	筛上质量(g)	分计筛余(%)	累计筛余(%)		
筛分后总质量(g)								
损耗(g)								
损耗率(%)								
结论								

粗集料表观密度试验报告

试验日期		班级		成绩	
组别		姓名			

试验目的	
主要仪器设备	
主要试验步骤	

试验次数	试样质量 m_0(g)	吊篮及试样在水中的质量 m_1(g)	吊篮在水中的质量 m_2(g)	石子在水中所占的总体积 V(cm³)	表观密度 ρ_0(kg/m³)	平均值(kg/m³)
1						
2						

备注	
结论	

试验次数	试样质量 m_0(g)	瓶、石子、和水总质量 m_1(g)	瓶和水总质量 m_2(g)	石子在水中所占的总体积 V(cm³)	表观密度 ρ_0(kg/m³)	平均值(kg/m³)
1						
2						

备注	
结论	

粗集料堆积密度试验报告

试验日期		班级		成绩	
组别		姓名			
试验目的					
主要仪器设备					
主要试验步骤					

试验次数		容量筒容积 V(L)	容量筒质量 m_1(g)	容量筒、石子总质量 m_2(g)	石子质量 m(g)	堆积密度 ρ_1(kg/m³)	平均值 (kg/m³)
自然堆积密度	1						
	2						
紧密堆积密度	1						
	2						
备注							
结论							

粗集料含泥量试验报告

试验日期		班级		成绩	
组别		姓名			

试验目的	
主要仪器设备	
主要试验步骤	

试验次数	洗前烘干试样与浅盘总质量（g）	洗后烘干试样与浅盘总质量（g）	浅盘质量（g）	含泥量（%）	平均值（%）
1					
2					

备注	

结论

粗集料泥块含量试验报告

试验日期		班级		成绩	
组别		姓名			

试验目的	
主要仪器设备	
主要试验步骤	

试验次数	洗前烘干试样与浅盘总质量（g）	洗后烘干试样与浅盘总质量（g）	浅盘质量（g）	泥块含量（％）	平均值（％）
1					
2					

备注	
结论	

粗集料针片状颗粒总含量试验报告

试验日期		班级		成绩	
组别		姓名			

试验目的	
主要仪器设备	
主要试验步骤	

试验次数	风干试样总质量 m_0(g)	各级针、片状颗粒总质量 m_2(g)		针、片状颗粒总质量(g) $m_1=\sum m_2$	针、片状颗粒含量(%) $Q=m_1/m_0 \times 100\%$
		针状	片状		
1					
2					
3					
平均					

备注	
结论	

粗集料压碎值试验报告

试验日期		班级		成绩	
组别		姓名			

试验目的	
主要仪器设备	
主要试验步骤	

试验次数	试样质量 m_1 (g)	2.36mm 筛筛余质量 m_2 (g)	压碎指标 Q_e (%)	平均值(%)
1				
2				
3				
备注				

结论

混凝土坍落度试验报告

试验日期		班级		成绩	
组别		姓名			

试验目的	
主要仪器设备	
主要试验步骤	

试验时间(时:分):_____ 集料的最大粒径(mm):_____

砂率:_____ 设计坍落度:_____

	材料	水泥	砂	石子	水	外加剂	配合比 (水泥:砂:石:水灰比)
调整前	1m³ 混凝土材料用量(kg)						
	试拌25L材料用量(kg)						
	和易性评定	坍落度(mm)		黏聚性		保水性	
	材料	水泥	砂	石子	水	外加剂	配合比 (水泥:砂:石:水灰比)
调整后	第一次调整增加量(kg)						
	第二次调整增加量(kg)						
	和易性评定	坍落度(mm)		黏聚性		保水性	

结论	

普通混凝土表观密度试验报告

试验日期		班级		成绩	
组别		姓名			

试验目的	
主要仪器设备	
主要试验步骤	

试验次数	容量筒容积 $V(L)$	容量筒质量 $m_1(g)$	容量筒＋混凝土质量 $m_2(g)$	混凝土质量 $m_2-m_1(g)$	拌和物表观密度 (kg/m^3)	平均值 (kg/m^3)
1						
2						

备注	
结论	

普通混凝土抗压强度试验报告

试验日期		班级		成绩	
组别		姓名			

试验目的	
主要仪器设备	
主要试验步骤	

组号	龄期(d)	试件尺寸 (mm)	受压面积 (mm^2)	破坏荷载 (kN)	抗压强度(MPa)		换算强度 (MPa)	设计强度 等级
					单值	代表值		
1								
2								
备注								
结论								

水泥砂浆稠度试验报告

试验日期		班级		成绩	
组别		姓名			

试验目的	
主要仪器设备	
主要试验步骤	

配制水泥砂浆强度等级：　　　　　，拌制方法：
设计要求的沉入度：

配合比(kg)	水泥∶砂∶水＝＿＿＿＿∶＿＿＿＿∶＿＿＿＿
拌制___(L)	水泥＝＿＿＿＿＿　砂＝＿＿＿＿＿　水＝＿＿＿＿
稠度(mm)	第1次　　　　　第2次　　　　　差值
平均值(mm)	
备注	

结论

建筑砂浆分层度试验报告

试验日期		班级		成绩	
组别		姓名			

试验目的	
主要仪器设备	
主要试验步骤	
配合比(kg)	
拌制___(L)	

分层度(mm)	第1次			第2次	
平均值(mm)					
备注					
结论					

水泥砂浆抗压强度试验报告

试验日期		班级		成绩	
组别		姓名			
试验目的					
主要仪器设备					
主要试验步骤					

设计强度等级：　　　　　　　　,养护条件：

龄期：

组号	试块尺寸(mm)	受压面积(m^2)	破坏荷载 F(kN)						抗压强度(MPa)						代表值(MPa)
			1	2	3	4	5	6	1	2	3	4	5	6	
1															
2															
3															

单个试件抗压强度的最大值：

单个试件抗压强度的最小值：

平均值：

钢筋拉伸试验报告

试验日期		班级		成绩	
组别		姓名			

试验目的	
主要仪器设备	
主要试验步骤	

试样名称	试样编号	试样尺寸					拉伸荷载(kN)		强度(MPa)		伸长率	
		直径(mm)	长度(mm)	质量(g)	截面面积(mm^2)	标距(mm)	屈服	极限	屈服点	抗拉强度	断后标距	伸长率（%）

备注	
结论	

钢筋冷弯试验报告

试验日期		班级		成绩	
组别		姓名			

试验目的	
主要仪器设备	
主要试验步骤	

编号	表面形状	钢筋等级	公称直径（mm）	冷弯试验		
				弯心直径（mm）	弯曲角度	结果
1						
2						
备注						

结论

沥青针入度试验报告

试验日期		班级		成绩	
组别		姓名			

试验目的	

主要仪器设备	

主要试验步骤	

试验次数	试样温度（℃）	试验时间（s）	试验荷重（g）	针入度盘度数(0.1mm)		
				标准针穿入前	标准针穿入后	平均值
1						
2						
3						
备注						
结论						

沥青延度试验报告

试验日期		班级		成绩	
组别		姓名			

试验目的	
主要仪器设备	
主要试验步骤	

试验次数	试样温度（℃）	试验速率（cm/min）	延度(cm)			
			试件1	试件2	试件3	平均值
1						
2						
3						
备注						
结论						

沥青软化点试验报告

试验日期		班级		成绩	
组别		姓名			

试验目的	
主要仪器设备	
主要试验步骤	

试验次数	室内温度（℃）	烧杯内液体种类	开始加热液体温度（℃）	烧杯中液体温度上升记录															软化点（℃）	平均值（℃）
				1	2	3	4	5	6	7	8	9	10	11	12	13	14	15		

备注	
结论	

30

土含水率试验报告

试验日期		班级		成绩	
组别		姓名			
试验目的					
主要仪器设备					
主要试验步骤					

材料名称	试验次数	容器编号	容器质量 m_1 (g)	未烘干试样、容器总质量 m_2 (g)	烘干试样、容器总质量 m_3 (g)	水质量 m_2-m_3 (g)	含水率 $m_2-m_3/(m_3-m_1)$ (%)	平均含水率 (%)
	1							
	2							
	1							
	2							
	1							
	2							

结论

土的液塑限联合测定试验报告

试验日期		班级		成绩	
组别		姓名			
试验目的					

	试验次数	1	2	3
含水率（%）	h_1			
	h_2			
	$1/2×(h_1+h_2)$			
	盒号			
	盒质量(g)			
	盒＋湿土质量(g)			
	盒＋干土质量(g)			
	水分质量(g)			
	干土质量(g)			
	含水率(%)			
	平均含水率(%)			

锥入深度与含水率关系图

（锥入深度 h_1(mm) 与 含水率 w_1(%) 关系图）

液限 $w_L=$ 塑限 $w_p=$

塑性指数 $I_p=$

土颗粒分析试验报告

试验日期		班级		成绩	
组别		姓名			

试验目的	
主要仪器设备	

筛前总土质量＝ g	小于2mm土质量＝ g	小于2mm土占总土质量＝ %	小于2mm取试样质量＝ g

粗 筛 分 析				细 筛 分 析				
孔径(mm)	累计留筛土质量(g)	小于该孔径的土质量(g)	小于该孔径土质量百分比(%)	孔径(mm)	累计留筛土质量(g)	小于该孔径的土质量(g)	小于该孔径土质量百分比(%)	占总土质量百分比(%)
60				2				
40				1				
20				0.5				
10				0.25				
5				0.074				
2								

备注或结论

附0.074mm以下颗粒组成情况：

土标准击实试验报告

试验日期		班级		成绩	
组别		姓名			
试验目的					
击实筒尺寸		风干含水率(%)		超尺寸颗粒(%)	

	试验次数	1	2	3	4	5
干密度 (g/cm³)	筒＋湿土质量(g)					
	筒质量(g)					
	湿土质量(g)					
	湿密度(g/cm³)					
	干密度(g/cm³)					
含水率 (%)	盒号					
	盒＋湿土质量(g)					
	盒＋干土质量(g)					
	盒质量(g)					
	水质量(g)					
	干土质量(g)					
	含水率(g)					
	平均含水率(%)					

击实曲线

干密度ρ(g/cm³) / 含水率(%)

最佳含水率(%)＝
最大干密度(g/cm³)＝

压实度试验报告(灌砂法)

试验日期		班级		成绩	
组别		姓名			
试验目的					
测点位置					
灌砂筒质量+砂质量(g)					
灌砂筒质量+剩余砂质量					
基板与灌砂筒三角锥砂的质量(g)					
试坑耗砂(g)					
量砂密度(g/cm³)					
试坑体积(cm³)					
试坑内湿土质量(g)					
湿密度(g/cm³)					

1	盒号				
2	盒+湿土质量(g)				
3	盒+干土质量(g)				
4	盒质量				
5	水分质量				
6	干土质量				
7	含水率				
8	平均含水率				

干密度(g/cm³)					
最大干密度(g/cm³)				最佳含水率(%)	
压实度(%)					

结论:	备注:

石灰试验报告(有效氧化钙的测定)

试验日期		班级		成绩	
组别		姓名			

试验目的	
主要仪器设备	
主要试验步骤	

试验次数	试样质量 (g)	盐酸标定后浓度 (mol/L)	盐酸消耗体积 (mL)	有效氧化钙含量 (％)	平均值 (％)

备注	

结论

石灰试验报告(有效氧化镁的测定)

试验日期		班级		成绩	
组别		姓名			

试验目的	
主要仪器设备	
主要试验步骤	

试验次数	试样质量(g)	EDTA对氧化钙滴定度	EDTA对氧化镁滴定度	EDTA消耗量		氧化镁含量(%)	平均值
				滴定钙镁合量(mL)	滴定钙(mL)		

备注	

结论

粉煤灰细度试验报告

试验日期		班级		成绩	
组别		姓名			

试验目的	
主要仪器设备	
主要试验步骤	

试样编号	粉煤灰试样质量 m (g)	粉煤灰筛余物质量 m_s (g)	粉煤灰筛余百分数（%）	平均值（%）

备注	

结论

无机结合料稳定土试验报告(水泥或石灰剂量测定方法)

试验日期		班级		成绩	
组别		姓名			

试验适用范围	
主要仪器设备	
主要试验步骤	

混合料名称:_____ 结合料剂量:_____

最大干密度(g/cm³):_____ 最佳含水率(%):_____

试样	试验次数		EDTA耗量(mL)	灰剂量(%)
	1			
	2			
	1			
	2			
	1			
	2			
备注				

结论